心態致瘦

諮商心理師的21堂身心減重課

蘇琮祺 著

推薦序

傾聽內在，瘦得自在

胡展誥（諮商心理師）

我與琮祺是多年網友，我知道他將心理學應用在瘦身的領域已久，卻總是沒機會與他合作。直到前年，我們碰巧一起到臺大參加研討會才終於碰到面。午餐時間，他邀請我一起吃飯，我一口就答應了，因為我滿心好奇這位陪伴許多人健康瘦身的心理師，到底都吃什麼東西？飲食有不同於一般人之處嗎？

「這裡我還算熟，我來找餐廳好了。你有什麼不吃的嗎？」琮祺細心地問。

「我什麼都吃。」一來是因為我並不知道附近有什麼好吃的，二來是我真的很好奇他到底會帶我去吃什麼。

你猜，當天中午我們吃了什麼？

那天中午，我們二人一起買了麥當勞的套餐，坐在校園裡某個樹蔭下的桌椅啃漢堡。他點了你我都很熟的漢堡套餐，只不過他將薯條換成生菜沙拉。

我悄悄地觀察他進食。他並沒有刻意刮掉沙拉醬、拿掉一片布滿芝麻的麵包，他只是將食物慢慢地一口一口放進嘴裡，專心地咀嚼，那種專注的樣子，就像是一個天真的孩子享受著一頓美味的大餐。吃飽了，雖然還剩一些東西，但他緩緩地將食物包起來。就這樣完成了他的中餐。

「就這樣？」我心裡充滿困惑。

直到後來有機會參加琮祺的課程，才理解他對於瘦身這件事情堅持的原則：

一、不是禁止渴望，而是傾聽身體的需求

許多人在瘦身過程中會充滿負面情緒，是因為對自己下了諸多禁令：喜歡的不能吃、吃的都是討厭的，才幾天就滿腹負面情緒，很快就故態復萌。但琮祺吃麥當勞就是專心享受，吃飽了就停。他用心傾聽身體的需求，而不是用大腦判斷。

二、瘦身的動力來自於接納自己，而非討厭自己

瘦身是為了讓身體處在更健康的狀態，而不是為了消滅一個「討厭的自己」。帶著這種態度，你並不是因為討厭自己才瘦身，而是想要找回更健康的自己。因此，你可以刻意退掉一些網路社群的互動，減少不必要的比較（你也不需要變成跟他們一樣）。

三、**正確使用意志力**

力氣要用對方向，才能有好的效果。假如把意志力用在絕對不吃自己喜歡的東西、忍著飢餓不進食、刻意只吃單調又乏味的食物，很快地意志力就會瓦解。事實上，意志力當然是重要的，但我們必須學會自我覺察，了解身體的狀況、對營養的需求，以及適合自己的瘦身規劃。掌握了這些重要因素之後再搭配意志力，才會讓瘦身的行動變得更有效（且不讓你感到這麼痛苦）。

藉由這本書，我們可以重新調整對自己的看法，不再是依據體重機上的數字或衣服標籤上的號碼來評價自己。面對食物，我們也不再是用衝動或禁止來歸類，而是能夠細細傾聽自己內在的聲音，用最自在的方式來飲食，卻又同時照顧到自己的身心，避免長期因為過與不及而造成負面影響。

推薦序

談的不只是瘦身，而是你的人生

烏烏醫師（禾馨婦產科醫師）

《心態致瘦》談的不只是瘦身，卻是我大推到不行的瘦身書。

一直以來，我不是個推廣瘦身減重的醫師，但我得承認在關心女性健康這條路上，體重是我不得不碰觸的議題。在診間我曾遇過：

減重減到月經不來，但還是不敢吃白飯的大學生。

多囊性卵巢的女生，因外貌焦慮只能靠吃紓壓的上班族。

懷孕的女性，因為體重超過五十公斤爆發產前焦慮。

她們的過去與現在發生了什麼事？又是如何影響她們與食物、體重的關係？我又該如何介入協助？

難道要靠月經史、過去病史、抽血、超音波？還是婦產科聖經？當然都不是！我需要的工具，過去學校沒有教，在醫學院沒有學。

後來我循線認識了專門處理與食物體態相關問題的諮商心理師小蘇老師，希望得到解答。與小蘇老師一番促膝長談後，我才驚覺：「肥胖，是一種不健康心理狀態導致的生理結果。擁有健康的體態其實是一種正向心理狀態的生理呈現。」

要減重成功，或是拿回健康自主權，每個人有專屬的答案，而這個答案即使專業如醫師、心理師都無法直接給予。我們能做的就是傾聽、陪伴、協助他們自我覺察，並建構出屬於自己的一套健康瘦身系統，避免他們在減重這條路上走冤枉路。

而如果要關照女性，讓所有女生活得更理直氣壯，我不僅要盡力破解醫學身體迷思，心理學更是我不能迴避的一門大學問。說起來，小蘇老師應該是引領我進入心理學領域的啟蒙導師。

後來我又提出一個很經典的靈魂拷問：「小蘇老師，到底什麼是愛自己？」

「我想應該是，吃好、睡好、動好。」

「說起來簡單，但這主題可以寫一大套書吧！小蘇老師有考慮出書嗎？」不知道我這番話有沒有埋下任何種子，但總之會有這本書，我也算推手之一吧！

《心態致瘦》談的不只是瘦身，還是你該如何好好愛自己。

終於，我等到這本書了！

在這本書裡，小蘇老師以心理學為基礎，醫學知識為輔，用他溫柔陪伴無數民眾健康減重的課程為素材，帶領我們從自身出發，一步步建構出屬於自己的一套健康SOP。

首先他帶你區分出你是哪一種肥胖，是真的影響健康的胖，還是看多了網紅用大修特修的照片暗示你胖？抑或是健身房的教練為了業績嫌你肥？是真的生理上的飢餓，還是空虛感讓你只剩吃，進而釐清自己真的想要減肥嗎？想減肥的原因是什麼？接著告訴你該怎麼利用心理學的小技巧，把建立好的習慣長久維持下去。畢竟大家總是說，減重不難，但復胖更容易啊！

我特別喜歡其中「想改變的是真實的你，還是想像中的你？」這句話。這正是現今網路、IG、濾鏡、社群當道的世代，以及對身體形象焦慮爆棚的我們必看的篇章。書中深入淺出地剖析我們是如何被整個社會影響了看待自己的眼光，在每個滑手機的瞬間變得不夠愛自己，接著利用簡單且溫柔的步驟，陪著你更接納與尊重自己的身體，把自己的身體當好朋友好好地對待。

即使你沒有瘦身需求，這本書中淺顯易懂的心理理論與貼近生活的例子，肯定能協助你在資訊爆炸的年代，拒絕各方教派救世主來控制你、詐騙你，幫你挖掘出深層心理壓力戰勝成癮，以及給你清楚的方法讓你知道如何藉由心理學的協助將生活中的障礙移除，聚焦短期目標，多給自己時間來建立良好生活習慣，找回人生的掌控權。

《心態致瘦》談的不只是瘦身，而是你與你的人生，或是說你該如何溫柔地找回屬於自己的人生。

推薦序

改變，不是為了厭惡自己

蔡宇哲（哇賽心理學創辦人兼總編輯）

很少閱讀一本書時會持續點頭表示認同，《心態致瘦》這本書完全打中一個常在減肥的心理學家的心。

大部分的人都會接受，飲食控制加上運動是減重的不二法門，再也沒有比這兩個更重要的因素了。根據生理學與能量守恆的觀點來看，這完全是對的，因此在塑身這個主題上，多半是營養學與運動方面的專家來擔任。但若你像我一樣減重失敗過數十次，就會體認到：

「對我知道飲食控制很重要，但就是很難控制嘴饞啊！」

「對，我知道運動很重要，但就是很累不想動。」

飲食控制和運動很重要，但這兩者都需要人的心態、動機，去驅動行為來完成，因此塑身成功與否，核心是心理學議題。

即使排除萬難瘦身成功了，從此就過著窈窕美麗的幸福生活嗎？有個朋友提到，減重對他來說不是件難事，每次都能成功瘦下來，但總是會復胖，以至於得日復一日地減重。我就問他復胖的主因是什麼？他說會因為工作或其他的生活壓力而吃高熱量食物。這也顯示了要維持良好體態，壓力與情緒調適才是主因，而這又是心理學議題。

就像書中第一部談到「肥胖是心理狀態的生理結果」。可不是嗎？如果沒能瞭解為什麼會變胖、是不是真的胖，不僅不容易瘦下來，也可能會讓自己在外貌上有了偏差的主觀感受，變成了一個「不喜歡自己」的人，再也沒有比這個更糟的了。

塑身是要讓自己更好，而不是去厭惡自己。

有次跟朋友聊天時提到，希望自己的體重可以再降低一點。朋友說：「你這樣已經很好了啦，至少穿著衣服肚子看不出來。你走出去看看，很多你這年紀的人都挺著一個肚子。」

雖然知道他是出言安慰，卻又讓我很好奇：為什麼許多人進入職場、結婚生子後，身材就很容易走樣呢？確實有不少正當理由，像是「工作忙碌，沒時間運動」、「生小孩後睡眠被剝奪又沒時間」、「年紀大了體能下降，無法劇烈運動」等等。但若深一層來想，人們習慣以不變應萬變，在面臨工作或結婚生子後的外在改變，以及隨著年紀漸長的代謝、生心理等內在改變，如果沒能隨之調整，結果就會是發胖。

人不能停滯不變，因為人本身就持續在改變。覺察自己的變化並隨之調整，方能處於安適狀態。

推薦序

減重的最後一塊拼圖

蔡明劼（內分泌新陳代謝專科醫師）

我們時常說減肥是「七分靠飲食、三分靠運動」，這句話基本上沒錯，只不過似乎還少了些什麼。對了！那「心理」層面對減肥來說又占幾分呢？

我從多年前開始經營瘦身課程，主要都是透過指導飲食原則，以及鼓勵適度運動來幫助學員健康減重。但是我很快就發現，某些學員的問題並不在於他們不知道怎麼做，而是他們知道卻做不到！他們會說「我總是嘴饞想吃」、「我壓力很大，一下班就拚命吃」、「我只要心情不好就想吃」。

我很希望這些人都能確實做到飲食控制，但我的教學系統之中一定還有什麼不足之處。直到我聆聽蘇琮祺諮商心理師（aka 小蘇老師）的演講，我終於明白這缺少的最後一塊拼圖在哪裡。

原來肥胖是心理狀態所呈現的生理結果，這就是小蘇老師將在書中告訴大家的

「肥胖冰山理論」：肥胖＝生理×心理×社會環境。所以調整好自己的心理狀態，減肥就會事半功倍；心理狀態若沒有準備好，即使你用力控制飲食和運動，最後也只會迎來用力的反彈。

我豁然開朗。心理議題不只是幫減重加分而已，心理的健康狀態更像一個乘法，它是減肥（或者變胖）效果的增幅器。

此後小蘇老師固定擔任我們瘦身班的客座講師，專門指導學員如何面對情緒性進食或壓力型進食。小蘇老師也告訴我們，減肥並不是光靠意志力，而是應該妥善使用有限的意志力，才能避免飲食行為失控反撲。

更令我印象深刻的是小蘇老師對於身體意象的詮釋。現代人太容易受到網路社群及傳播媒體的影響，把自己跟那些身材凹凸有致的網紅、網美做比較，於是開始追求不符合現實的體重，最後可能因為偏激的飲食方式而失去健康。

此外，這也跟一些人的童年經驗有關：小時候因為肥胖被嘲笑，或者把肥胖和懶惰、愚笨做連結，才使得我們討厭或嫌棄自己。減肥固然重要，但更重要的是與自己和解；無論什麼身材，都應該喜歡自己的身體。我記得有學員聽完這堂課，淚流滿面。

小蘇老師本身也有開設減重班，同樣是以心理師的角度切入，突破學員心中的盲點，減肥成效自然卓著。這次看到小蘇老師將自身的專業集結成《心態致瘦》一書，將他的瘦身心法毫不藏私地教給大家，一定能夠嘉惠更多迷失在瘦身路上的男男女女。

最後我想送給大家幾句話：你是不是覺得自己很努力瘦身，卻始終沒有達到理想中的目標呢？你的機會來了，翻開這本書，為自己補上這最後一塊拼圖吧！

推薦文

選對一把致瘦的鑰匙

吳映蓉（台灣營養基金會董事、營養學博士）

要我推薦減重的書很多，而小蘇老師《心態致瘦》這本書，我真的是從頭到尾認真讀完，裡面的太多想法與我不謀而合。

雖然身為營養專家，當我在教人控制體重時，從來不會教人「算熱量」這件事，就算「熱量赤字」絕對是減重的真理，但人體不是機器，還有太多因素與瘦身有關，其中「心態」是瘦身的關鍵，就像開啟瘦身之路的鑰匙。當我們拿對了鑰匙才可以步上正確的道路，否則很容易走上旁門左道，「復胖」常常會回來找我們。

而在這條正確的道路上，最終目標是養成「美好的生活型態」，正確習慣的培養比什麼都重要，而「瘦身」只是這條路上美好的相遇。

我很喜歡小蘇老師在書中提到的一些話：「我們的價值不是由數字決定」、「瘦身是調整心理狀態後的過程」、「用持續取代連續」、「請看見自己美好的存在」

等，許許多多經典的觀念讓我們一輩子受用。

或許你現在正在徘徊選擇哪一條道路（選擇哪種瘦身方式），此刻，請你不要猶豫，先看一下小蘇老師《心態致瘦》這本書，一定會幫你選對鑰匙，踏上正確的道路，遇見更美好的自己。

推薦文

想瘦，從了解自己的心理開始

呂孟凡（營養師、「營養麵包」粉專版主）

身為營養師，接觸過非常多減重的個案。同樣來找我諮詢，有的個案減重很成功，有的個案卻瘦不下來。多年下來，我發現其中很大的問題就在於「心態」。

舉例來說，碰到情緒性進食或壓力型進食的個案，其實身為營養師也很難介入，所以我都會建議個案去找心理師諮商。因緣際會之下，在FB粉專上認識了蘇琮祺諮商心理師，他時常分享實用的文章，讓我受益良多，也把這麼優質的粉專推薦給不少我的個案。

這本《心態致瘦》可以說是集大成之作，對於想瘦但總是瘦不下來的人來說，絕對會有很大的幫助。

想瘦，就先從好好了解自己的心理開始吧！

推薦文

踏出減重成功的第一步

林長揚（簡報教練）

你有想過要減重嗎？

我的朋友中大約有九〇%的人常常說要減重，而且每次一聊到減重，每個人都能說出好幾種方法。雖然方法很多，但是成功的人卻不多，連我自己也不例外，怎麼會這樣？

也許是因為我們常注重「怎麼減重」，卻沒想過自己為什麼要減重。

我很喜歡《愛麗絲夢遊仙境》裡的一段話：「如果你不知道自己要去哪裡，那怎麼走也就不重要了。」

如果我們不知道自己想減重的真正原因，即使知道再多減重方法，也會因為沒有動力而無法持續。

而蘇琮祺心理師的《心態致瘦》，能幫助你找出自己想減重的真正原因，幫助你在減輕身心負擔的狀態下進行減重。

誠摯推薦你閱讀《心態致瘦》，讓我們一起從理解自己開始，踏出減重成功的第一步吧！

推薦文

從心開始，還給自己適當的滋養

洪仲清（臨床心理師）

我們的各種習慣，慢慢會顯化為我們的性格、成就，以及體型。從「知道」走向「做到」，如果沒有變成每日自動化的習慣，再好的道理，也只是沒多久就消散的煙雲。

飲食行為是人類滿足基本需要的最初，但「需要」常常變成「想要」，進一步可能形成了永遠難以填滿的「慾望」匱乏。

在現代社會，飲食承載了太多情緒。情緒沒有出口，竟狂塞食物下肚；有時罪惡感上門，又挖喉嚨催吐。這是一種惡性循環，有些朋友就被困在這裡，痛苦難以言喻。

釋放情緒，可以培養成習慣。生活如果簡單，不強迫性地找事情填滿自己的生命，壓力就不會那麼滿，身心就能走向怡然，然後一點一點回復對內在飽足的感知，還給自己適當的滋養，飲食不過量。

作者在社群網站上的文字分享，是我偶爾會拜讀的良善知識。我期待自己因此更健康，也邀請大家一起學習，深深地祝福您！

推薦文

一本教你照顧好自己的書

陳艾熙（減重飲食研究女王、新生代演員）

第一次看到《心態致瘦》這個書名時，我心裡想，這真是一個直白易懂的書名！但下一個念頭我又想，是不是只有像我這樣已經認知到心理狀態是我減肥關鍵的人，才會有這個想法？

經歷過許多次減肥，我從為賦新詞強說愁的「瘦子」時期就一直嚷嚷著自己要減肥，但其實只是那幾天少喝一杯手搖飲、多跑半小時的跑步機而已。直到二十七歲得了帶狀疱疹，身體和心理都開始有一連串的變化，尤其開始真的變成「胖子」後，我經歷了六年的抗戰——一場與自己內在、外在的雙重戰爭。在試過各式各樣減肥方法後，我最終發現原來沒有一個飲食方法可以解救我，唯有深度地了解自己、與自己和解，才能讓我從反覆的情緒性暴食的肥胖中解脫。

直至今日，我「自認」現在是達到人生中最平衡的狀態，但仍然常常感到如履薄冰，害怕自己的理論終究又是另一個「自己想像的信仰」，像是有段時間我把生酮飲食當成救贖，另一段時間則是斷食派的信徒一樣；我也害怕我這次的成功瘦身，以及與暴食症的和解，只是一個短暫的勝利。

直到看完這本《心態致瘦》，因為蘇老師的各種個案分享，加上他輔以專業的知識去講解，讓我在閱讀中不斷被肯定，肯定自己一直以來的認知是正確的，同時也給予了我安定感：我因此不害怕這次的信仰了！因為我這次的信仰是我自己設定的，是最適合我自己的系統，而我一定可以藉由蘇老師的方法去完善這個屬於我自己、而且可以持續下去的系統。

我真心希望所有人都可以閱讀這本《心態致瘦》，無論你有沒有肥胖的問題，我想這本書除了幫助需要瘦身的人，更多的是幫助現代社會因壓力而迷惘的人。就像書中說的：「肥胖是心理狀態的生理結果。」或許你還沒有肥胖問題，但也許你已經開始有些心理狀態下產生的壓力式飲食習慣，藉由閱讀這本書，可以先預先建立起良好與食物的關係！

這不是一本減肥書，是一本教會你照顧好自己的書。

推薦文

肥胖，其實是個假議題

陳志恆（諮商心理師、暢銷作家）

年過三五，我的腰圍漸粗；平常不會在乎減重的我，也開始擔心起我的健康與體態，從此刻意改變生活形態，力行「少吃多動」的減重法則。許多人都和我一樣，但仍然被肥胖困擾著，甚至大嘆：「減肥真是一輩子的功課。」

其實，肥胖背後不只有著生理因素，更存在著心理議題。

你是否發現，當你心情不好或壓力龐大時，特別對油炸、甜點等高熱量食物缺乏抵抗力？這時候，常會情緒性地過度進食，而後又萌生罪惡感，負面情緒恐讓你不小心吃得更多。心理學與醫學的研究也發現，許多人的嚴重肥胖，其實與童年創傷有關。

蘇琮祺心理師的體重管理課，絕對不會只教你如何健康飲食、正確運動，他更會從心理層面告訴你，你的過度進食，與你的心理狀態與負面情緒息息相關。除此之外，他更帶你看見社會文化如何影響人們的審美觀，進而決定你如何看待自己的身材外貌。

如果你能夠參透，減肥最需要的其實是心理健康，那麼你就會知道，肥胖只是個假議題，是種提醒我們正視個人內在需求的訊號。這正是蘇琮祺諮商心理師《心態致瘦》這本書的精髓，有別於一般的減重書籍，帶你直指核心、看見關鍵、迎向健康。

推薦文

原來你真正需要的，不是減肥

蘇益賢（臨床心理師）

從「飲食」出發，我們可兵分多路切出不同的探討主題，好比直接涉及到的健康與營養（生理層面）。吃與身體意象，乃至於自尊、自我認同也息息相關（心理層面）。此外，還有一個更容易被忽視的面向，即是人們所處的環境，從媒體、新聞到戲劇等社會文化因素，更在無形中形塑了我們怎麼吃、吃什麼、為何而吃。

臨床上，許多個案與吃之間的關係更是複雜。它既是帶來快樂的方法，也是造成困擾的原因。而這愛恨情仇上演的場景，多半會發生在減重這件事情上。

一般人在減重時採用的策略，往往是硬碰硬式的熱血革命，讀完琮祺心理師這本書後，讀者將發現「原來你真正需要的，其實從來就不是減肥」。這句來自本書的話，將帶著你從各種角度重新理解你的身體，深入洞察你的心理狀態，並有更多嶄新的切入點，替自己重新詮釋「減重」這兩個字。

目錄

自序

啟動專屬於你的自我照顧之旅

在某場醫院的全院性演講開始之前，我早早就坐在位子上等待開場。

「瘦身怎麼會找心理師來講啊？有沒有搞錯？浪費我的時間！」穿著白袍的醫療人員一手在簽到表上簽名，一手拿著珍奶，嘴裡除了咬著珍珠，還嘟囔著。

「真的！本來我也這麼想！」我認真地對著坐在我旁邊一臉尷尬的副院長說。

與坊間常見的瘦身專家或專業人員不同，我既沒有轟轟烈烈的減肥經驗可以分享給你，也沒有一套神奇簡單的瘦身菜單能讓你二十一天蛻變，更沒有祖傳七代的神丹妙藥能幫你消油減脂。

但我除了是健康體重管理師和正念飲食（MB-EAT）合格教師之外，也協助過上千位一般民眾、脂肪肝與肥胖症患者從心理學角度來調整體態，更曾經擔任過包含醫師、營養師與護理師等醫療專業人員的瘦身心理學課程教師。

更重要的是，身為一位諮商心理師，我在諮商室裡遇過：

每餐都要拿食物秤秤重量的小資女，對每日攝取熱量的要求幾近強迫症程度。

每次在進健身房之前都得先在淋浴間仔細檢查過自己的每一寸肌肉線條，才能夠開始運動的模特兒。

試過一六八斷食，用過一一二餐盤，上過各式課程，也買過各種瘦身產品，卻對自己感到無比灰心的跨國公司主管。

已經在學校裡因肥胖外型被同儕霸凌過的國中生，又被爸媽帶到我面前用惡毒話語再羞辱了一遍。

瘦瘦胖胖無數次，卻沒有覺察童年創傷經驗讓自己在不知不覺中把食物當成自我撫慰的專業人員。

這些臨床實務經驗除了開啟了我對食物、體態與心態之間關係的好奇，也讓我發現吃喝所填滿及照顧的不光是肚子，胖瘦的標準和意義不只是數字；與其整天照鏡子，我們更應該花時間好好照顧腦子。

我認為，體態取決於你的心態，而肥胖則是一種心理議題的生理結果。

這不是一本瘦身書，而是帶你重新認識自己的指南

這是一本從心態層面出發，協助你以健康方式重新面對瘦身歷程的書。在這裡，我既不會教你計算熱量，也不會帶你認識營養，更不會示範運動技巧給你看，因為這些內容都有其他更厲害的專家和書籍可以教你。你可以在看完這本書之後，依照自己的身心需求，去找到那個專屬於你的瘦身計畫。

如果你原本就有想要採用的瘦身計畫或飲食運動規劃，更建議你在開始執行之前，先把這本書看過一次。因為協助民眾瘦身的多年經驗告訴我，只要你選用的瘦身方式是健康的，再搭配上正確且理性的心態調整，瘦身就能變成一趟輕鬆又有趣的旅程，而不再是重複輪迴的復胖惡夢。

多年的心理瘦身經驗告訴我，人們常常急於尋找表面的瘦身「方法」，卻忽略了如何先調整健康的「心態」才是關鍵，所以我決定將瘦身歷程中的重要心態和健康觀念整理下來，並以三大核心觀點為基礎寫成本書：

一、肥胖是心理狀態的生理結果

肥胖，主要是由不當的飲食行為所造成的，而行為就是一種心理狀態的外在表

現。各種體態就像一座座的冰山，如果你只是看見肥胖、不斷進食和不想運動的冰山表層，那就很容易陷進瘦身迷思裡而不可自拔。我會藉由虛構案例和改編對話，協助你了解想法、情緒、行為、人際和環境之間的交互關係，以及覺察心理狀態對體態的影響。

二、瘦身是調整心理狀態的過程

瘦身不是一個目的地，而是一趟旅程。雖說書名叫做《心態致瘦》，但我並不認為「瘦」就是一個美好或幸福的代名詞，反而是希望大家能夠在調整體態的過程中，探索和覺察自己的身心需求，重新學習如何與自己好好相處，不再一味地跟隨社會文化對於體態的膚淺標準，或是不斷地追逐並不存在的完美體態。

三、肥胖是身心匱乏的外在表現

體態，是由飲食、運動和睡眠三大基礎所堆疊而成。有感於民眾總是在追逐各種瘦身奇招或減肥妙方中白費心力，我認為建立起對於飲食、運動與睡眠的基本觀念，是很重要的一種基本能力。只要你能好好透過「吃對、動夠、睡飽」來照顧自己，其實真的沒有變胖的道理。

瘦身是一趟旅程，一趟探索未知自我的歷程

雖然我們有時候不願意承認，但胖瘦真的就是那麼殘忍。

肥胖就像是個難以掩蓋的烙印，會讓所有人都注意到你，就連自己也隨時緊盯著那層凸出來的腰間肉，彷彿當你的身體越龐大，世界越緊盯著你，讓你連呼吸的空間也跟著縮小。

但是你可能不知道，有時候肥胖就像是保護主人的盔甲，可以讓你不用面對真正的問題，盡情沉浸在吃喝裡。

纖瘦則像是一頂王室皇冠，總是讓人推崇並期待。「你好瘦喔！真是令人羨慕！」「你最近瘦好多喔！有什麼好方法呀？」「你怎麼都吃不胖啊？讓人好嫉妒喔！」似乎瘦就是一種成功、自律和意志力的戰利品。

而你也許並不曉得，對於「瘦」的過度追求，會讓你忽略自己的感覺，生活中就只剩下數字。

我想請教你：胖？瘦？你要哪一個呢？

我深知文字用詞所可能帶來的影響，所以也不斷思考在本書中應該如何正確地用字。曾經嘗試過使用「不同體型」、「多元體態」、「調整體型」和「改善體態」

等替代用語，但是我發現怎麼改就是怪！

後來我決定，與其迴避使用「胖」、「瘦」、「肥胖」、「減肥」、「瘦身」、「體重管理」或「體重控制」這些字眼，我更想以心理師的角色強調這三個概念：

一、胖未必有害，瘦也不一定健康，胖瘦只是不同體態，沒有誰好誰壞。

二、減肥或瘦身的真正目的在於避免體脂肪過多所帶來的身心健康危害。

三、與其透過數字來管理或控制，更需要學習如何照顧自己的身心狀態。

瘦身，不是一個被得到的結果，而是一趟自我照顧的旅程。

肥胖，不是因為你不好，也許只是身心沒有被照顧到。試著學會「吃對、動夠、睡飽」，讓身心成為一種健康的樣子；纖瘦，就只是一種身體外型，請別再用數字來衡量你自己，你的價值不該被體重計所決定。

重點在於，你有沒有好好地覺察和照顧自己的身心需求，然後好好地吃，適度地動，再充足地睡，讓身體來到一個「未必叫做瘦，但很健康」的理想狀態裡。

準備好你的身心，收拾好你的行李，再安排好你的環境，讓我們一起翻開這本書，踏上專屬於你的瘦身之旅吧！

Part 1

你的胖，比想像中複雜

肥胖是心理狀態的生理結果

成功瘦身的方法大同小異，肥胖背後的故事卻各有意義。

瘦身，其實更像是一種自我探索與重新認識自己的過程。

「瘦才是美」不是你該追求的方向，「照顧自己」才是你努力的關鍵。

我們的價值，不是由體重等數字來決定！

第1課

減肥又失敗了嗎？也許你要的不只是減肥？

——肥胖是個身心兼具的議題

請仔細觀察左邊上下兩張圖，再試著告訴我：上下兩張圖中間深色的圓形，誰大誰小？

正常狀態下，下圖的深色圓形會看起來比較大。

你或許曾經看過這張圖，所以會知道其實兩個圓形一樣大，但即使已經知道答案，在視覺上，你仍然會看見兩個不同大小的圓形。

這個現象就是經典的「艾賓浩斯錯覺（Ebbinghaus illusion）」。錯覺是一種在大腦裡發生的現象，一種系統性的錯誤解讀，與你的智力或視力無關。

瘦身其實只是表面議題

我是一位諮商心理師，透過心理學方法，成功協助人們調整他們和食物及身體的關係，也同時改善了健康與體態。我本來以為，瘦身不過是場數字遊戲，只要少吃多動，讓身體產生熱量赤字，瘦下來哪有那麼難？後來發現，瘦身只是最表面的議題。

一開始，我也是從營養和熱量的概念教起，大部分的人都能在學會之後順利瘦下來。可是過了一段時間，有人復胖了，我才發覺肥胖其實是種「生活習慣的結果」，在日本甚至把它歸類於「生活習慣病」的一種。從養成「健康生活好習慣」的角度出發後，我讓更多人能長久維持瘦身成效。

成功瘦身的方法大同小異，肥胖背後的故事卻各有意義。後來有些「並不胖」的患者和學員開始出現在我的門診和教室，我才知道人們和食物及體態的關係，其實是種心理狀態的呈現。我們來看看下面三個案例：

案例一：被媽媽帶到門診的阿宜

穿著寬鬆T恤的阿宜，被身著旗袍的媽媽帶到我的門診來。「心理師，我們全家就只有她最胖，你一定要救救她！」媽媽的身材穠纖合度，穿著打扮仔細，一進診間就連珠砲似地抱怨。

嚴格說來，BMI24、體脂率二十八％的阿宜不算太胖，但是那神情疲累、情緒低落的樣子讓她顯得老氣，實在很難想像眼前是一對母女。

從媽媽的大聲指責和焦慮神情，我想真正的問題應該不是在肥胖。

原來，媽媽是位要求完美的高階主管，對人生有著期待與理想。然而破碎的婚姻讓她把所有希望寄託在阿宜身上。但在媽媽的眼中，阿宜總是不及格，對她的批評貶低從沒少過。

媽媽不曉得的是，阿宜只能從食物得到她給不了的安慰。阿宜每天睡前都會狂吃洋芋片和冰淇淋，因為撐脹肚子讓她感受到被照顧和撫慰。吃完之後，阿宜擔心發胖會面對媽媽的失望與責備，又會跑到廁所把所有東西催吐出來。

無止境的暴食循環，其實不是減肥能解決的。

案例二：在公司偷吃廚餘的大善

大善參加公司所舉辦的瘦身習慣養成班。身高一八〇公分、體重七十公斤、體脂率二〇%的他，其實有點偏瘦，根本不用來參加課程。

「你怎麼會想來上課啊？」對於不胖卻想瘦的學員，我總是充滿好奇。

「我有個很奇怪的飲食習慣，想來這裡看看能不能處理？」大善鼓起勇氣告訴我，他總會在午休時間趁同事沒注意時，進茶水間把大家吃剩的便當廚餘吃光。

大善是家中獨子，在父母的嚴格要求下，不論在學校或職場的表現都很優秀，一直讓家族引以為傲。他從小就是個聽話負責的孩子，對於食物更有著「一定要吃完」的信念。隨著進入職場，生活壓力漸增，把東西吃完居然進展成強迫行為。

跟食物的關係，常常反映了與人的關係。

案例三：擔心吃東西被看見的小葵

小葵是位護理師，在某次演講場合上，她主動過來問我問題。

「我很想跟同事一起吃飯，不過有人在旁邊看我吃東西，我就會很焦慮，我可以怎麼改善呢？」體態略顯豐腴的小葵，眼睛直視地面，有點緊張地問。

即便已經工作多年，小葵在用餐時間，總是獨自一人。

「你怎麼吃那麼多啊？」「還在吃啊？大家都在看你囉！」「你也夾太多菜了吧？」「還吃還吃，我們家都快被你吃倒了！」「看你吃東西就飽了！」從小就愛吃的小葵，總會在吃東西的時候聽見家人長輩的言語嘲諷。就算已經離家獨立，也總會在拿起食物時，回想起大人們曾說過的諷刺話語。

飲食連結的是種記憶，有時還頗為傷人。

肥胖和吃有關，吃又和心理狀態相連。也許，瘦身不只是數字遊戲那麼簡單。

每個人都有專屬的肥胖函數

世界衛生組織（WHO）對於肥胖的定義是：身體脂肪堆積過多而對健康造成負面影響的狀態。肥胖，會造成身心健康的危害，這也是為什麼各路專家會鼓吹民眾積極瘦身的主要原因。然而減肥不只是去除身體脂肪堆積這個生理結果，而是要更深入地探索這個結果何以出現在你身上。

肥胖的起點，來自於飲食。飲食是受到生理、心理與環境因素影響的行為，當食物進到身體之後，身心之間的交互作用又會造成身體的不同反應。心理學家基索爾—格拉瑟（Kiecolt-Glaser）就發現，在壓力狀態下進食，身體代謝食物的方式會讓相同食物被身體多攝取一〇四大卡的熱量。

肥胖，是一種生理、心理與所處環境的函數結果。每個人都有專屬自己的肥胖函數，也許套上某些方法會讓你看到短期成效，但如果缺乏對肥胖函數的瞭解，你最終還是會回到肥胖的狀態上。

肥胖＝生理×心理×社會環境

肥胖，是種生理結果。你所擁有的基因、年齡性別、所吃的食物、所進行的運動、所過的生活方式，都會透過身體運作的機制，影響脂肪堆積的程度。

肥胖，是種心理狀態。你的童年經驗、你的身體意象、你的壓力反應、你的情緒覺察、你的內在小孩、你的飲食習慣，都會藉由心理狀態，左右你對自己肥胖與否的理解。

肥胖，是種社會標準。醫學界定義的ＢＭＩ、體脂率和腰圍尺寸，都會決定你是否屬於肥胖一族；網紅、明星和名人的體態樣貌，則會讓你用更嚴格的標準來決定自己是否肥胖。

一直以來，我們都認為肥胖是種生理問題，而忽略心理和社會因素的影響。這也是為什麼對別人有效的瘦身方法，到了你身上總是難以見效。或許，這是因為你的肥胖問題，不是簡單套上別人的答案就能解決。

你要的不是減肥，而是健康的心理狀態

減肥並不難，只要你願意執行，幾乎沒有瘦不下來的道理。從常見的哈佛餐盤、低碳飲食、一六八飲食法到生酮飲食法，各種減肥方法都能看到許多成功案例。看似只要改變飲食方式，就能輕易達成瘦身目標，又為什麼還是有那麼多人一直在「減肥——復胖——再減肥——又復胖」的循環中沉淪，甚至因此出現憂鬱、焦慮或暴食呢？

當你處理的只是表面困擾，問題就會重複出現，甚至帶來更大的問題。就像是只吃退燒藥來減緩發燒症狀，雖然能讓你暫時退燒，但沒有找出真正的病灶，仍會對身體造成嚴重傷害。當你只是找方法來減輕你的體重，卻缺乏看見身心需求的能

力，就很容易掉進數字陷阱裡。

肥胖，是一種不健康的心理狀態所導致的生理結果。因此，想要瘦身就不能只是看著數字，而是要先改變心理狀態，包含你的想法、情緒和行為等面向。

當缺乏正確營養概念，或是對體型有著非理性信念時，請試著學習足夠的營養知識，吃下適當份量的食物，再重新與身體連結，讓體態來到該有的狀態。壓力爆表和情緒失衡都可能引發暴飲暴食。先嘗試探索心理狀態與安頓自我，身體會找到與食物之間的平衡。

自動化的飲食習慣，再加上不健康的飲食環境，很容易讓你多吃了些而不自覺。讓自己更有意識地進食，身心才能和食物重新建立起健康的關係。

健康體態與健康瘦，其實是一種正向心理狀態的生理呈現。當你能夠調整對於食物與體型的正確認知，澄清身心對於食物的適當需求，再加上有意識的飲食行為，身體自然會來到一個最恰當、最美好的狀態。

但「知道」和「做到」還是有差距的。就像光看網球比賽無法學會打網球，你還是得下場練習，親手揮拍擊球，才能真正學會。

在後面幾堂課中，我會像個教練般陪著你，幫助你慢慢認識健康瘦身這件事。透過心理學視角，你將會發現瘦身這件事遠比想像中的單純，只要願意嘗試，短期內都能看到一定的成效。但你也同時會看見瘦身比你預期中的還要複雜，因為它不只是飲食和運動的搭配，更是一種習慣養成的過程。

過程中的最大困難，在於如何維持成效，這需要許多條件的搭配。不論你採取哪種減肥方法，大部分瘦身成功的人都會在一段時間後復胖，只有大約一〇至二〇%的人可以維持減肥效果。荷蘭學者瓦爾科維瑟（Varkevisser）等人發表於《肥胖評論》（*Obesity Reviews*）期刊上的研究發現，維持瘦身成效的關鍵因素共有一二四個，其中的一一〇個與認知和行為等心理因子相關。由此可見「心理因素」在維持瘦身成效上的重要性。

維持瘦身成效的關鍵，在於如何養成「健康的生活習慣」，瘦身就是養成習慣後的生理狀態。這包含了**意識**、**覺察**、**選擇**和**行動**四個心理步驟，藉由持續練習各種步驟並調整習慣，你將獲得健康的身心狀態，從此不需再為減肥而減肥。

如同這一課一開頭所說的「艾賓浩斯錯覺」，你以為的瘦身，其實和你看見的不一樣。

邀請你來回答幾個問題：

一、為何市面上與瘦身相關的產品、課程和書籍那麼多？

二、為什麼想要瘦身的人，總是失敗多於成功？

三、要維持瘦身成效真的那麼困難嗎？

四、瘦身成功，就從此幸福美滿嗎？

五、你要的，真的是瘦身嗎？

六、食物，對你有哪些意義？

體態／肥胖就像中間深色的圓形，而前述六個問題則是外圍的淺色圓形。我會在後面的章節裡，帶著你探索你的外圍圓形。當你越能夠清楚地回答這六個問題時，中間的圓形就會變得越小；你同時也會發現，原來你真正需要的，從來就不是減肥。

第2課

探索肥胖成因，找回更好的自己

——肥胖，也有冰山理論

第一次與阿力進行諮商時，他的體型讓我留下深刻印象。身高一百九十二公分的他，在人群中很容易被注意到，而體重將近一百五十公斤的體態，更讓他很難不被多看幾眼。他告訴我：「節食、運動和吃藥我都試過了，我不知道還能怎麼辦？」

被診斷有糖尿病與暴食問題，阿力準備進行胃袖狀切除手術前，醫師建議他來接受諮商。「我覺得很丟臉，都那麼胖了，還整天想著食物。我只敢在自己房間裡吃東西，每次看到爸媽的眼神，我就感覺自己很失敗，總是讓他們失望。」

阿力常常在心底告訴自己：「我要更努力，不能讓爸媽失望，不能讓大家失望。」似乎不把自己逼到極點絕不罷休。

阿力是在高科技產業工作的工程師，收入令人稱羨，生活品質卻讓人不敢恭維。盡責認真的他，每天總要加班到十點才能離開辦公室，隔天七點又要回到公司上班，睡眠不足是家常便飯。為了提升專業能力，週末還要到學校進修。他每天的生活就是工作和學校作業，人際關係乏善可陳，吃東西變成他獨處時的最佳消遣，但是每次一吃完，他又會陷入無止境的自責與自貶。

「我也知道要少吃多動，但就是做不到！」阿力沮喪地說。

「也許，你需要的並不是少吃多動！」我想讓阿力看見自己身處的困境。

你需要的並不是少吃多動？

「不需要少吃多動？」阿力有點困惑地問。

許多人一想到瘦身，就認為要「少吃多動」，這其實算是種錯誤觀念。

首先，人類古早生活在食物獲取困難的環境中，本能地趨向「多吃不動」，以保留最多身體能量。而一般所謂「少吃多動」的瘦身策略，是運用「意志力」在對抗人類的本能，與本能對抗的結果，往往是以失敗告終。更慘的是，這會讓許多瘦身失敗的人，以意志不堅或毅力不夠來責怪自己。**正確的概念應該是「吃身體需要**

的食物，你會健康；吃心理需要的食物，你會開心」，而其中的重點在於「學會如何吃對份量」。

再者，在瘦身過程中，運動的效用可能和你想的不同。藉由正確調整飲食，大多可以獲得明顯的瘦身成效，而運動對於瘦身初期的幫助較有限，在瘦身領域甚至還有「飲食九分，運動一分」的說法。有時候對某些人來說，運動還會帶來額外壓力，讓肥胖這種受身心因素影響的問題更難被處理。**因此，瘦身應該先從飲食調整做起，而且還要順應身心需求地吃，再讓運動慢慢加入**。

請先別誤會，我不是認為運動不重要，關於這點將在後面的章節做詳細說明。

順應本能地吃？

「所以，我可以順應本能地吃嗎？聽起來好像不錯！」阿力臉上露出微笑。

「我也覺得不錯耶！那你是為了哪些原因而吃東西呢？」我希望能幫阿力找出隱藏在進食背後的需求所在。

「就是肚子餓啊！不然還能有什麼原因？」阿力好奇地回應。

「很多時候，我們真的就是不餓也會吃，不是嗎？」我緩緩說出阿力一直以來的飲食狀態。

馬文雅醫師在《幸福瘦》中提到一個很棒的觀點：肥胖就是你吃得比身體需要的還多，而多吃的就是心理的需要。當我們沒有先釐清飲食行為背後的身心需求，只是一味地使用控制手段來「少吃」，結果就是帶來更大的飲食反撲。

吃，是一種由飢餓感所引起的行為。我把飢餓感的來源概分為兩大類：

一、**生理飢餓感**：由內分泌系統透過荷爾蒙來產生對於食物的渴望與攝取，能從食物中所含的營養和熱量來獲得滿足。當身體裡的食物消化完畢，血糖逐步下降時，下視丘與胃部會開始分泌荷爾蒙，讓人們出現覓食與進食行為，在獲得足夠份量的食物之後，我們就能適時地停止飲食。

二、**心理／社會飢餓感**：受到想法、情緒壓力、行為、環境或文化的影響所出現的進食慾望或行為。就像是童年被要求把東西吃完的回憶、媽媽曾經買來獎勵自己的漢堡薯條、週末的放鬆雞排珍奶、廚房裡堆積的零食泡麵、到了臺南必吃的鱔魚意麵、端午粽子或中秋月餅，都是你未必感受到生理飢餓，卻會因為心理社會因素影響而出現的進食行為。而這類的飢餓感，很多時候就是心理的需要，卻也是帶來肥胖困擾的最大原因。

當你開始意識到兩種飢餓感的存在時，你會發現它們並不是單獨存在的，而是以不同比例出現在我們的日常飲食行為中。而這兩種飢餓感並沒有好壞優劣之分，關鍵在於你「學會如何滿足不同的飢餓感」。

肥胖也有冰山理論

「怎麼感覺我都在滿足心理飢餓感啊？我好像都是透過食物來填補空虛！好像這輩子再怎麼努力都做不好任何事！」阿力開始意識到自己所面臨的困境。

「偶爾吃吃雞排來填補空虛也不錯啊！但找到空虛感的真正來源，或許才是我們即將展開的冒險。」我試著提醒阿力，肥胖不光是生理所造成的問題。

「冒險？這聽起來有點可怕！先讓我喝點可樂！」阿力笑著拿起手邊的可樂，喝下一口。

「可怕？那我先帶你到冰山看看吧。」我常用這個比喻向案主說明帶來飲食行為的多重原因。

「冰山」這概念是心理學領域很常使用到的一個隱喻，尤其是在說明佛洛伊德（Sigmund Freud）與薩提爾（Virginia Satir）的理論時。但是我在這邊沒有要引用這兩位大師的理論，而是要讓你知道在飲食這件事上，也有一座冰山影響著我們。

簡單地說，每個人都像一座浮在海面上的冰山，我們平常呈現出來的行為與樣貌只是冰山可被看見的一小部分，還有更多沒被看見的部分隱藏在冰山下方。

在前一課我提過「肥胖＝生理×心理×社會環境」這個公式。把它套用在冰山概念，可以看到肥胖這個生理結果或進食行為，就如同冒出水面的冰山頂端，而在海平面底下是一小部分的生理因素和大部分的心理與社會環境因素。

你看到的身體樣貌，就只是漂浮

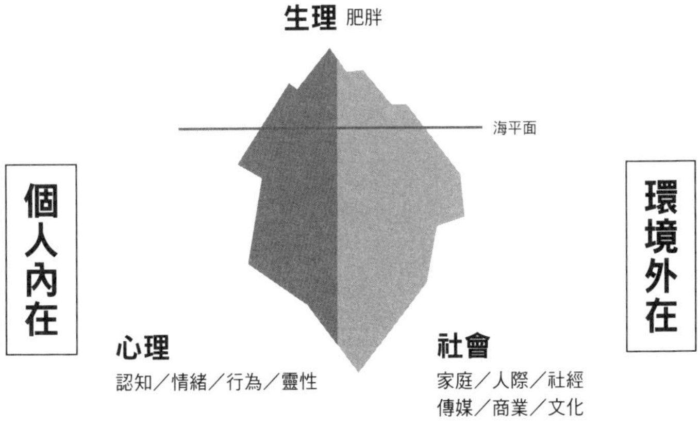

圖一　肥胖冰山理論

於大海的冰山表面。關於瘦身，多數人都只是急著處理冒出水面的肥胖結果，卻忽略了海平面底下的核心議題。

少吃多動、各式各樣的飲食和運動建議、五花八門的減肥產品或藥物手術，雖然都能讓你暫時脫離肥胖的狀態，但底層問題沒被發掘處理，體態恢復原狀只是時間的問題。唯有好好面對未被看見的內外在問題，才能從根本來解決。

所以，你真正需要的並不是減肥！而是重新認識你的「肥胖冰山」，再滿足你的不同「飢餓感」，讓身心回到應有的健康與平衡狀態。

體態是變動的，是如何關心與照顧自己的結果

「我吃東西好像只是為了逃避面對自己！讓自己胖一點，好像也能讓大家多注意我一些。」幾次諮商後，阿力慢慢地看見自己在飲食行為底下的冰山。

原來，阿力的爸媽經營了一家跨國企業，環遊世界到處飛，一年可能見不到十次面。阿力成長過程中，幾乎就只有保母、宿舍和食物的回憶，找不到任何與父母的連結。就算回想起幾次相處，也都是負向與挫折的經歷。

在某次巡視海外工廠的時候，爸爸突然告訴當時還在念國中的阿力：「你也太

胖了吧！這樣怎麼接我的公司啊？你明天就給我回臺灣減肥！叫你媽陪你回去找蔡醫師！」爸爸的語氣中充滿失望。阿力突然發現自己原來在父親的眼中那麼失敗與不堪，他羞愧到只想瞬間移動回臺灣。

也就是這次的經驗，讓阿力感覺到父母的關注，即便這種關注充滿了指責與失望。不知不覺中，阿力開始了「減肥——復胖——再減肥——再復胖」的無限循環。肥胖的身形會讓父母注意到阿力的生活和飲食，是他獲得關注的來源；但是父母表達出的擔心和失望，卻又使阿力更想透過吃東西來消除不安與壓力。

肥胖，其實就是由你的「生理×心理×社會環境」所呈現出來的結果。你無法直接處理肥胖困擾，而是要從你的「體態公式」中，找到專屬於你的最佳解答，而這組解答，可能隨著你的心態各有不同。

從心態開始轉變，就能找回真正屬於你的冰山。身體就是你的一部分，不管是肥胖或纖瘦，它永遠都會陪在你的身邊。而它真正需要的，從來就不是你以為的控制和約束，更不會是忽略和遠離，而是被你真心理解與照顧。它所呈現的樣貌，其實就只是你如何關心和照顧自己的結果。

「我決定離職，然後去念書學電影，我想我應該要學會如何照顧自己。」眼前的阿力，說話速度平穩而充滿自信，眼神中散發出希望的光芒，體態呈現出健康勻稱的平衡。

「不管你做任何決定，我相信你都可以。」我順手拿起手邊的可樂，與阿力一同慶祝他的新冒險。

也讓我們一起，好好照顧你的阿力吧！

第3課

瘦身除了用技法，還要有心法

——關於瘦身的正確心態

「請問您是用什麼軟體做投影片的？」有聽眾在我演講完畢後，來臺前詢問。

我微笑著回答：「就是Power Point啊！我能幫您什麼忙嗎？」不管是課後提問或私訊聯繫，這已經不是我第一次被問這個問題了。

「您講的內容超精彩的，而且投影片好簡潔，所以想來問問您是怎麼製作投影片的。」最初我以為是演講的內容太差，聽眾只好擠個優點來開啟話題，後來被詢問的次數一多，我也在思考自己的投影片到底哪裡引人注目。

嚴格來說，我的投影片製作真的還好。一開始，我是透過各式簡報課程學習，學到基本版面設計和配色原理後，慢慢將老師所教的各種技巧套用在自己的簡報上。隨著經驗增加，逐漸掌握某些技巧或原則，似乎特別能吸引聽眾的注意力，但也僅限於「好像有用」的階段。後來我有機會上到「大師級」的簡報課程，才知道要把一件事情做到更好，必須同時具備「技法」與「心法」。

「技法」是你進行一件事需要的基本知識和技巧，透過一定時間的學習，大多可以有所累積與提升，但最多就停留在「知道怎麼做」的技術階段。而隨著實務經驗的累積成長，你會在不知不覺中多了「知道怎麼做更好」的能力，同時會對做得更好這件事產生許多主觀的想法與信念，這時就產生了「心法」。

現在的我，認為演講的心法就是「投影片是我的講臺背景，而我是臺上的演員」。技術不用多，夠用就好，反倒是心法的厚度與累積會影響你的表現。

健康瘦身的起點不是知識技巧，而是心態

同樣的概念也可以被套用在瘦身這件事情上。

熱量赤字，願意算，很好！

一一二餐盤，簡單明瞭，還不錯！

一六八斷食，能做到，很棒！

生酮飲食，懂原理，可以嘗試！

蛋白粉，有點錢，恭喜你！

瘋狂運動，做得到，就去吧！

讓你「瘦下來」的方式很多，而且可以看到許多成功案例與見證，書籍和課程更是多不勝數。只不過懂這些方法只是停留在「技法」的層次，知其然不知其所以然的結果就是，你會在瘦下來之後很快「復胖」。

「復胖」其實只是個假議題。瘦身是種過程，它從來就不是結果。基本上，不管你是胖或瘦，體態就只是生活型態和身心狀態呈現出的生理結果，當你沒有從根本去改善生活，或好好照顧自己的身心狀態，即便透過各種方法短暫「瘦」下來，之後再「胖」回去不過是時間的問題罷了。

基於我對飲食心理學與成癮領域的瞭解，許多朋友或學生遇到我，最常問的就是：「這個可以吃嗎？」我的標準回答就是：「只要你知道自己為何而吃，世界上就沒有不能吃的東西。」

瘦身，其實更像是一種自我探索與重新認識自己的過程。當你為了進食或肥胖感到罪惡或自責時，這表示有些事情需要被改變了；或者，當你又開始尋找各種瘦身新方法時，可能需要先讓自己停下來，好好覺察一下：在瘦身的背後，你追求的到底是什麼？

關於健康瘦身，你要先認識的五大心法

累積了多年協助他人成功培養健康瘦身習慣的經驗，我整理出五種重要心法：

心法一：成功的關鍵在於心態

很多人對瘦身有著「習得無助感」，甚至不敢相信自己能夠遠離肥胖，尤其是當你從小就體型肥胖或試過許多減肥方法卻常失敗。「我就是天生遺傳的胖子」、「我的意志力不夠堅定」、「我都知道，但就是做不到」、「我不夠努力和堅持」，甚至「我是個失敗的人」這些非理性的想法或念頭會自動出現，讓你意志消沉，無法採取必要的行動，或者是把瘦身過程中的挑戰都當成自己失敗的證據。

而那些成功瘦身的人，常有著和前面所說不同的想法：「我就試著做做看吧！」「好像真的開始有點不一樣了！」「原來瘦身有那麼多學問啊！我要好好學習。」「好像遇到瓶頸了，來請教一下心理師該怎麼辦！」

感覺到了嗎？**想法不同，就會出現不同的情緒與後續行動**。

心理學家卡蘿・杜維克（Carol Dweck）曾經提出兩種心態分類：固定型心態（fixed mindset）和成長型心態（growth mindset）。減肥失敗者常出現固定型心

態，而能成功瘦身的人大多屬於成長型心態。這兩者最大差別在於「能力能否被改變？」。固定心態者認為胖瘦是天生的，自己能改變的有限；而成長心態者則相信透過學習和調整生活型態，改變肥胖是有可能的事。

因此，**你如何看待自己的能力，將會影響你面對瘦身挑戰時的態度，進而決定能否成功瘦身**。

心法二：努力要放在對的地方

許多人會把努力擺錯地方，讓自己在瘦身過程中挫折連連，尤其是下面三個地雷想法所帶來的無效努力。

「少吃多動」是種瘦身的迷思，「吃對動夠」才是你必須注意的重點。前面已經提過，少吃多動其實是違反人性本能的行為。「吃對」指的是每次進食時，是否能意識到真正的生理或心理需求，再吃下適當分量，夠了就停，而不再只是一味地禁止與壓抑；「動夠」則是提醒你在瘦身初期，運動不是主要關鍵，但有意識地增加活動量能促進代謝、提升健康，如果能夠進行更高強度、高頻率的運動，能讓體態更健美，瘦身效果更能維持下去。

「強調數字」會讓你陷進自責的陷阱，「養成習慣」才是你需要付出的地方。

很多人在瘦身過程中，會「過度在意」各種數字的變化，導致心情經常起伏。我們必須先理解，數字是一種行為結果的參考值，能夠讓我們確認努力的方向是否正確，但是這受到生理、心理及環境各種因素的影響，很難精準控制和掌握。只要確認你所採取的瘦身方法正確且健康，持續重複執行，以養成健康生活習慣作為最終目標，數字參考參考就好。

「瘦才是美」不是你該追求的方向，「照顧自己」才是你努力的關鍵。受到社群媒體與瘦身文化的影響，大多數人把「瘦」視為一種「社交勛章」，認為瘦代表了努力、自律、優越與成功，越來越多人把瘦當成追逐的目標。事實上，這裡的「瘦」常常是委屈少吃和勉強多動的結果，它只能讓你短暫自以為符合外界對「好」的期待，卻忽略自己內心真正的需求。長期下來，重複減肥就成了不得不的常態。其實，身心健康才是一切的核心，要有意識地覺察身心需求，好好進食，適度活動，當我們被自己好好照顧的時候，身體和心理自然會呈現出最美好的狀態，而這未必叫做「瘦」。

心法三：健康瘦身，必須付出代價

先問幾個問題：

如果你想要中樂透，你應該怎麼做？——先買一張樂透。

假設你到了遊樂區門口，你要怎麼進去？——先買一張門票。

今天你想要瘦身，你該如何開始呢？——先準備好付出代價。

網路上流傳著一個小故事。某天，貝佐斯（Jeffrey Bezos）問巴菲特（Warren Buffett）：「你的投資方法這麼簡單，為什麼人們不和你做一樣的事情就好？」巴菲特聳聳肩，無奈地回答：「因為沒有人願意慢慢變有錢。」人們總是喜歡追求捷徑和祕技，通常捷徑和祕技都有其他代價，而在瘦身這件事情上，你可能會付出更多金錢或損害健康，甚至影響到你的自信心。

請記得，**沒有不用「改變」就能改變的事**。人們常被「照吃照喝也會瘦」、「一週見效」或「吃了〇〇，蛋糕珍奶也不怕」這類廣告吸引，背後的原因就在於，我們都不願意為了改變付出代價，總期待有一種神奇瘦身法讓我們可以不用做出改變而改變。

你想要健康／瘦身嗎？如果答案是肯定的，那我接著請問：

你願意為此而不吃或少吃洋芋片（精緻加工食品），改吃原型食物嗎？

你願意從現在開始不喝或少喝甜飲，改喝白開水嗎？

你願意調整久坐不動的生活方式，開始嘗試散步或跑步嗎？

如果，你在回答時感到遲疑，或許你還沒準備好付出必要的代價；相對的，要是你已經準備好，你就開始改變了。

心法四：健康瘦身是種過程而非結果

我發現很多人會誤把瘦身當成一個追求的結果（例如體重四十八公斤或體脂率二十五％以下），以為只要達到某個標準就能從此開心快樂。其實，瘦身是個持續的動態過程，是由你的飲食選擇和生活型態累積而來，再透過你的身心狀態呈現，無論是胖或瘦的體態，或是自信或自卑的心態。

你要做的並不是減肥，而是重新建立健康的生活習慣。你並不會只因為多吃一塊蛋糕而變胖，也不會因為少喝一杯奶茶就變瘦；但是當你吃蛋糕或喝奶茶的頻率越低且選擇健康食物與出門運動的機會越高時，體態自然會更健康。

你需要養成的是能夠執行一輩子的生活習慣，而不是短期速效的飲食技巧或限制方法。

心法五：我們的價值不是由數字決定

數字就只是數字，它不能代表你。就像每個人都想要考試滿分一樣，你終究無法決定自己考幾分，你能做的只有認真學習和用功複習，讓考試結果以分數的形式回報給你。考得好，表示付出有代價；考得差，提醒我們準備方式要調整，差別在於是否能用有效率的方式好好學習，而不是以分數來代表我們的價值。

體型和體重數字也不能定義你，除非你是這樣看待自己。麗茲．維拉斯奎茲（Lizzie Velasquez）患有先天性罕見疾病，身體無法儲存脂肪，骨瘦如柴還右眼全盲，特殊的外表曾被網友稱為「世上最醜的女人」。她從小就因此遭受同儕霸凌，甚至一度跟著厭惡自己。直到有天學校的副校長邀請她去演講，她才發現：「我和臺下的人產生了連結，我發現自己與眾不同的那個面具消失了。原來我可以不必是受害者，除非我也覺得我是。」現在的她，以身為知名演講家與反霸凌倡議者的角度提醒著我們：「永遠不要忘記，內在才是決定你美麗的關鍵，而不是你的外表、你的長相。」

每個人的現在都是個美好的存在。你無需用任何數字來證明自己，更不需要讓別人的評價來決定你。從現在開始，試著問問：「我是如何看待我自己？」

正確的心態，才能讓你抵達終點

如果有選擇的話，你會想要成為著名的悲劇英雄，還是成功抵達目的地的探險隊長呢？

一九一一年十月，兩支分別來自挪威和英國的遠征隊，同時展開南極探險。他們都希望自己能成為人類史上第一群抵達南極點（南緯九十度）的開路先鋒。

兩個月後，由羅爾德．阿蒙森（Roald Amundsen）帶領的挪威隊按原訂計畫踏入這塊無人抵達過的終極之地，並光榮返國接受讚揚；但是英國隊在羅伯特．史考特（Robert Scott）的指揮之下，落後了五週才到達終點，只能扼腕地看著南極點上的挪威旗幟飄揚，甚至還讓回程暴風雪吞噬了他們的性命。史考特在最後的日記裡寫下遺言：「我們努力了，但天不從人願。」

兩支隊伍的各項條件都不相上下，在出發前英國隊的氣勢還略勝挪威一籌。兩者在遠征過程中的最大差別在於，阿蒙森不論氣候如何或隊伍的士氣高低，每天都堅持前進二十哩（約三十二公里）。狀態好也不多走；狀態欠佳也不會少走！而史考特的隊伍則是在氣候好的時候拚命趕路，氣候不好的時候就休息等待。最終的結果就是，阿蒙森載譽返國，史考特卻全軍覆沒在冰雪之中。

詹姆．柯林斯（Jim Collins）在《十倍勝，絕不單靠運氣》（*Great by Choice*）中詳細介紹這段故事，並提出「二十哩原則」，說明「天雖不從人願，但紀律會讓我們在同一條軌道上穩定前進，更不會因為受到狂風暴雪的影響停下腳步」。

當然，事情不會只靠單一因素決定，但在這裡，我想延伸的概念是，**重複的行為造就了現在的我們，那不是個神奇的過程或技巧，而是一種習慣的結果**。

想要健康瘦身嗎？讓我們先從建立正確的心態開始吧！

第4課

成為你自己的教主

——如何在健康／瘦身的路上當自己的主人

美齡急躁地拿著手機，深怕沒把內容說明清楚。「你看，ＡＡ老師說的就是這個啊，怎麼跟你說的不一樣？你都沒辦法給我標準答案，這樣是要我怎麼做啦？」

在瘦身這件事情上，美齡就像個無比虔誠的信徒，付出了難以想像的代價卻始終未能如願。五花八門的瘦身產品、千奇百怪的特殊飲食法、最新的藥物手術、高級的健身房會員、昂貴的名醫門診，甚至吃蟯蟲這種怪異的方法她都試過，為的就是要讓自己「變瘦」。但接連不斷的挫敗經驗讓她無比焦慮，急著想找到解決肥胖問題的終極解答。

「我還真的給不出標準答案，不過你需要的也不是標準答案。」已經跟美齡諮商一段時間，看過她拿來的無數資料和產品，我知道再多答案也無法解決她面對的困境。

有時，標準或簡單答案只是暫時抗焦慮劑

你知道嗎？標準／簡單答案是筆好生意，會讓人掏錢買單。

小時候，每次開學的第一天，我就會吵著要媽媽帶我到書局買一本《全科作業解答》，讓我的作業可以寫到滿分；大學聯考前夕，高中同學帶來補習班的「公式祕笈」，全班都急著跟他借來印，深怕漏掉一個公式會名落孫山；出了社會，還有一堆教你有效溝通、簡單致富或快速減肥的名師、書籍和課程。

這些「標準／簡單答案」就像是打開成功與幸福的鑰匙，讓人急著拿到，卻又充滿焦慮；而握有鑰匙的人則荷包滿滿，開心不已。

然而，有些事只有原則，沒有標準答案。如果有一件事能讓很多人都像個專家說得頭頭是道，就表示這件事情其實沒有所謂的標準答案，像是家庭互動、人際關係、親子教養、投資理財、健康、瘦身都是這樣。而這些事就是我們必須學習面對的人生議題，每個人都該成為自己的專家，找到自己的專屬答案。

在健康瘦身這件事情上，標準或簡單的答案只是你暫時的抗焦慮劑。事實上，

與人類的生理、心理和社會相關的議題，從來就不存在標準或簡單答案，也因為這樣，我們總是對這些複雜問題充滿焦慮。這時瘦身宗教（泛指運用人們對瘦身的期待，再藉由各種偏差或不健康觀念來推銷瘦身產品或課程的個人及團體）可能就會透過提供標準／簡單答案的方式趁虛而入，占據你的生活，吸取你的資源，卻只讓你獲得短暫的撫慰和救贖。

小心！你可能已經被瘦身宗教所影響

「心理師怎麼會沒有標準答案呢？XX醫師說我是A體質，YY教練叫我用B餐盤，再搭配3C飲食法才能瘦。你怎麼就只是問我家裡的事，問我過得怎樣？你到底能不能幫我瘦下來啦？現在連BB社團都已經封鎖我了！我是不是真的像QQ老師說的一樣，沒救了？」美齡一如往常地「批評指教」，但即便對我充滿抱怨，她還是每次依約抵達諮商室。

「在這件事情上，還真的沒人救得了你。但是我能陪你救自己，你願意試試看嗎？」我緩緩地說。

美齡神情趨緩，但仍低落地問：「怎麼救？」

「你先退教，再當回自己的主人！」我認真地說。

「我哪有信教？是要當什麼主人？」她困惑地問。

琵克希・特納（Pixie Turner）在其所著的《不節食更健康》（*The No Need To Diet Book*）裡提到，食物在現今社會中，既是種身分象徵，也是種近乎宗教般的存在。某些「健康領袖」會透過所謂的「瘦身飲食」將食物道德化，甚至神化，建立一套完整的信仰系統，並以瘦身為最終救贖，招收大批「健康信徒」，以獲取自身利益。

我把這些健康領袖所建立的「健康飲食信仰系統」稱之為「瘦身宗教」。它能讓你變得和美齡一樣，成天只企盼著教主的拯救，甚至攻擊其他與你意見相左的人，就算要你投入所有身家也在所不惜。

瘦身宗教的教主們通常會藉由三個階段帶你逐步進入他所建構的信仰系統：

一、**摧毀階段：**個人魅力爆表的教主們會把自身苗條或健美的身材展示在你的面前，再用各種專業術語或個人經驗建立個人權威，告訴你他曾和你一樣肥胖墮落、缺乏意志力，他完全能夠理解你的痛苦與掙扎，而且會告訴你，說你現在的生活有多糟糕、多不愛惜自己，只要願意放下過去的瘦身方式，遵循他的飲食方法和運動建議，你也能夠跟他一樣變得健康、美麗又幸福。

二、**重建階段**：在你開始服膺教主的開示與引導之後，他會告訴你這套健康飲食信仰系統如何有效運作，在其他成員身上又發揮多大的效果。許許多多的見證者開始分享親身經驗，並講述自己如何在嚴格配合教主要求之後獲得完全不同的人生。這時你會開始認真執行這些方法，見到成效之後更會認為自己獲得「SS飲食法」或「QQ老師」的救贖，過去的自己真是愚昧又無知。此刻的你只想和教主及其他信徒一樣拯救更多深陷肥胖苦海的人們。你會主動分享「SS飲食法」或「QQ老師」的教條，在臉書分享貼文，在IG貼照片，在個人簡介填上「SS飲食法愛好者」，你只差沒把教主的臉和教義刺在自己身上了。你成為教主的分身並以此為傲，而你身旁的夥伴也因為與你有相同觀點和經驗，讓你產生了強烈的團體歸屬感。自此你進入了第三階段。

三、**強化階段**：你漸漸成為瘦身宗教中的資深成員，和其他信徒使用共通語言，執行相同步驟，向內凝聚共同信念，往外對抗所有質疑。這些動作都會讓你更加認同這個團體。只要有人膽敢質疑、批評或褻瀆教主和教義，你就會主動帶領其他信徒群起圍攻。有趣的是，你雖然有時也覺得不太對勁，但已經替這個瘦身宗教付出許多時間與心力，為了避免認知失調（Cognitive Dissonance，當個人的行為與思想不一致時，人們會傾向調節思想與行為相符），你會更加堅定地相信教主、教義，並認為所有外界的聲音和提醒都是邪魔歪道。你聽不進任何不同意見，從此陷入一個難以自拔的漩渦而不自知。

美齡閉上眼睛，深深嘆了口氣：「我好像聽懂你在說什麼了。回頭想想這一切，都好不真實，但我要的答案到底在哪裡呢？」

「答案，就在我們的身邊。你根本就不需要向坐在高臺上的教主祈求，更不必讓自己那麼痛苦，只要你願意，我們就可以找到。」

我試著讓美齡重新把關注焦點放回自己身上，而不是一直外求。

如何避免誤入瘦身宗教？

美齡的父母都是學校老師，她從小就在一個要求嚴格、凡事皆有標準答案的家庭裡長大。認真的她順利取得國外博士學位返臺，也順利在頂尖大學獲得教職。她做事按部就班，凡事皆有規劃，認為問題必有解答，因此在面對各種問題時，早就習慣只有最完美的標準答案，才能讓必須完美的自己滿意。

偏偏在面對瘦身的時候，是沒有所謂標準答案的，這也讓她在這條路上不知不覺偏離正常軌道，誤信瘦身宗教。

「那我該怎麼辦呢？難道我要放任自己繼續胖下去嗎？」看見自己所處困境的美齡，需要有人幫他引導方向。

「我可以給你三大步驟、九個提醒，幫你找到適合自己的瘦身方法，你覺得如何？」知道美齡喜歡有架構、有方向的資訊，我刻意把內容說得像教科書一樣。

美齡尷尬地笑著點頭。

步驟一：大量搜集正確資訊與資源

一、**審慎參酌資訊來源的專業背景：**想想你所獲得的資訊來源是否來自官方認證且具公信力的單位或專業人員。在瘦身領域裡，醫師、營養師或心理師等取得國家級證照的醫療人員，會是我比較推薦的對象。

二、**徵詢你所信任的醫療人員：**在實際執行所有飲食或運動方案之前，最好能向你所信任或認識的醫療人員請教。在網路資訊爆炸、行銷話術滿天飛的現在，即便專業人員提出的資訊都有可能因商業利益而扭曲。徵詢第二、第三，甚至第四個專業意見，都可以讓你避免掉進可能的雷區。

三、**向對方提出你心中的疑問**：真正的專業人員，會協助解決你的問題，而不是讓你覺得自己本身就是問題。在開始執行方案之前，請一定要向指導你的專業人員澄清「所有」心中的疑問或擔憂。能夠幫助你的人，會是那個願意跟你一起面對問題的人，而不是把你當成問題來解決的瘦身教主。

步驟二：做出符合自身需求的判斷

一、**先確認你的需求所在**：自我覺察是所有行動的起點，自己知道自己怎麼了，才知道該往哪裡前進。在本書中，你會一直看到「自我覺察」這個詞，因為沒有人比你更清楚自己需要什麼。透過練習如何向內感覺與往外觀察，我們才能從許多健康方案中，找到最適合我們的選擇，而不是教主要你選的那個。

二、**再評估投入多少資源**：了解你所選擇的方案需要投入多少資源，也能讓你避開瘦身宗教。健康瘦身是需要長期持續的過程，需要投入的時間與心力常超出想像。如果你發現有一個又快又輕鬆的選項，就得小心這可能就是瘦身宗教。

三、**選擇一個適合的方案**：從自己的需求出發，選擇一個真正能滿足自己的方案。當你要瘦身的時候，身旁的親友或網路上的資訊總會提供你各種好像很神奇的建議。但請永遠記得，你才是真正要執行的人。在做決定之前先問問自己：「這是我要的瘦身方式嗎？」

步驟三：溫柔而堅定地前進

一、**你不需要讓自己感覺痛苦**：瘦身宗教會讓你感到罪惡、自責與羞恥，甚至告訴你痛苦是瘦身必經的路。但我會告訴你，改變從來就不需要讓自己充滿負向感受，我常在課堂上告訴學生：「越嚴格，越有效，但不能嚴格到讓自己受不了。」瘦身未必是件快樂的事情，但絕對不該是個讓你感覺到痛苦的過程。

二、**你可以更溫柔地對待自己**：肥胖是一種身心需要重新被好好照顧的訊息。或許你可以趁著這次機會，溫柔地問問自己：「我需要怎樣被對待呢？」只有在你能溫柔對待自己的時候，身心才會用一種健康幸福的狀態來回應你。

三、**你要保持原則才能前進**：健康瘦身是種持續前進的過程，它絕對不只是「愛自己」三個字那麼簡單。當你挑選一個適合自己的方案後，還需要用足夠的時間採取必要的改變，遵守方案的原則，並付出可能的代價，讓自己往所設定的方向前進，並在最終完成你的目標。

「聽完這些我突然發現，如果能把用在減肥上的心力省下來，也許我現在可以

表 1　瘦身流派對照表

	瘦身正統	瘦身宗教
指導人員	醫療人員專業證照	權威教主個人經驗
基本假設	成因複雜因人而異	成因單一標準答案
瘦身方式	提供原則彈性執行	固定步驟嚴格流程
瘦身產品	輔助性質可有可無	重要關鍵不買不行
瘦身效果	強調健康持續執行	忽胖忽瘦無法脫離
成員互動	友善溫暖互相鼓勵	效忠教主攻擊異議
面對質疑	強調證據廣納意見	堅信教主沒有問題
花費金錢	提升能力有限花費	金錢黑洞花個不停

過得更好！」美齡感嘆地說。

看到美齡願意溫柔地對待自己，我輕聲地說：「現在的你就已經夠好了！其實健康瘦身是道中論題，你需要寫下的是屬於自己的答案，而不是一個並不存在的標準答案。」

美齡聽完這句話，臉上滿是鼻涕眼淚。「心理師，我怎麼覺得你講的話也好像是教主會講的話？」

「是啊！我本來就是教主啊？」

「啊！真的嗎？」美齡瞪大眼睛。

「真的啊！我可是全球愛睡教的臺灣中彰投首席教主喔！」我認真地說。

美齡的臉上，終於露出我一直沒看過的輕鬆笑容。

（附註：此篇所述並未影射任何特定飲食法或個人，單純以心理學角度探討社會現象。如有巧合，請注意現正處於強化階段的你，有可能會產生想要攻擊我的衝動喔。）

Part 2

先開啟
瘦身心態

瘦身是調整心理狀態後的過程

你的體態是生活系統的結果，

你無法直接解決結果，只能從改變系統著手。

你會瘦下來，不是因為你在減肥，

而是因為你讓身心過得更健康。

第5課

目標指出方向，動機帶來力量

——誘發肥胖的想法因素①

「我想要瘦下來！」美湘是個體態豐腴、臉上掛滿笑意的女孩。身高一六〇公分、體重九十公斤的她，剛從大學畢業。她的在校成績突出，專業能力優異，待人溫和有禮，卻在求職面試時頻頻失利，她認為可能跟自己的肥胖外型有關。過去不太在意肥胖問題的她，這次在家人的鼓勵下，決定讓從小就胖的自己瘦下來。

「瘦下來，其實不難，但請你先試著描述一下，你要的瘦是什麼樣子呢？」我知道我能幫助眼前的女孩瘦下來，但必須先確定她是否知道自己要的是什麼。

她嚥下口水，有點遲疑地回答：「就看起來瘦瘦的，穿衣服比較好看……我不要看起來胖胖的，感覺沒什麼精神……還有，最好不要復胖……大概就這樣。」

聽完她期待中的「瘦」之後，我笑著告訴她：「你有發現嗎？其實，有很多衣服，不瘦的人穿起來也很好看，要讓自己看起來有精神，還有瘦以外的方法，而且不去減肥就沒有復胖的問題啦！」

她的臉上露出驚訝的表情。我接著說：「我們應該要先討論一下，你要的瘦到底是怎樣？」

先找出目標，才知道前進的方向

長期協助人們健康瘦身的經驗告訴我，要先找到你的明確目標，才能讓我們往正確的方向前進，增加成功的機會，預防並克服可能的障礙，降低你失敗的機率。

「目標」是我們期待完成的事或希望實現的狀態，可以分成抽象或具體兩種。**「我想瘦下來」這種夢想式的描述，就屬於抽象目標**。藉由想像畫面或幻想未來的成功，能幫助我們對未來充滿希望，進入短暫的喜悅與平靜。

但是在心理學實驗中發現，這類型的抽象目標有可能改變認知、情緒感受與身體反應，讓人誤以為自己已經獲得想像中的美好，進而削弱動機與行動傾向。它比較適合被運用在一開始的規劃階段，幫助我們看見美好的未來，並且找到目標背後的需求與動機。

「我要在一年內透過調整生活型態，從九十公斤降到七十公斤。」像這樣強調時限、實際可行與可被衡量的具體目標，比較能幫助我們在特定時間內，透過執行特定的行為達到特定的狀態。

這與心靈雞湯般的「心想事成」不同，具體目標能幫助你整理出有哪些行動清單、需要準備哪些資源，並有助於找出可能面對的障礙與因應策略。它能讓我們更實際地思考並規劃在「瘦下來」（抽象目標）之前必須採取的行動與準備有哪些，而不只是沉溺在美好的幻想之中。

找出你的抽象與具體目標，是開啟健康瘦身計畫的起點。抽象目標就像一幅未來藍圖，依照「目標視覺化」的概念，當你把它想像得越真實，就越能激發起希望和動力。

如果有照片或影像可以看的話更棒，它能讓你「感覺很好」，但要注意的是，它維持的效果不長，而且未必能讓你採取行動。這時具體目標就能引導你透過理性的方式進行計畫，就算遇到困境，也能思考解決方法，持續往目標前進。

透過設定抽象與具體目標的過程，我們可以在感性和理性層面上，更深刻地意識到什麼是我們要的「健康／瘦」，以及如何達成我們所期待的狀態。

將具體目標再細分

美湘露出靦腆的微笑說：「我想要瘦下來！不過，我比較想在一個月裡透過調整生活型態，從九十公斤降到七十公斤。這樣可以嗎？……我想要回到剛進大學的自己，我那時候是七十公斤。」她打開手機相簿分享大學時期的照片給我看。生性樂觀的她，接著又開心分享了大學時期的吃喝玩樂，以及如何在那四年裡多長出二十公斤。

聽完美湘的分享後，我說：「聽起來好像還不錯！接下來，我們還要把具體目標區分為大目標、中目標、小目標和迷你行動喔！」

這就像要蓋一棟大樓，只看建築藍圖雖然會讓你充滿期待，但所謂「築夢踏實」，要完成大樓必須詳細規劃所需的時間、空間與過程，並執行好每個步驟。

首先，你要將時間安排好。我強烈建議**先以「一年」為大目標**，因為瘦身的過程基本上就是養成習慣的歷程，它必須在一段夠長的時間裡被重複執行。**接下來，設定「每個月」的中目標，以及「每一週」的小目標，最後才是「每天」要執行的迷你行動。**

如同你不可能在一天裡就讓大樓完工，我們所設定的大目標必須合理且可能達成，才能被區分為中目標、小目標與可執行的迷你行動。**通常建議的減重速度為每週〇・五~一公斤，這樣的速度既不會影響到健康，也能夠讓我們採取正確的方式來瘦身**。所以，美湘期待能在一個月裡降二十公斤的目標，就是個不建議的目標，而且這樣的高標準，不只會傷害你的身心健康，還會讓你在執行過程中充滿挫折。

「如果用這種標準，我一年好像可以瘦掉二十六公斤耶！比我本來想的還多，不過一年好久喔，我還得找工作。」美湘第一次聽到這樣的概念有點興奮，但急著瘦身去求職的她，似乎有點著急。

抽象目標（目標視覺化）	我要瘦下來！
大目標（具體目標）	我要在一年裡，透過調整生活型態，至少從 90 公斤降到 70 公斤。
中目標（具體目標）	每個月能減少 2 ～ 4 公斤。
小目標（具體目標）	每週能減少 0.5 ～ 1 公斤。
迷你行動	1. 每天至少喝水 3000C.C.。 2. 每週只能喝一次含糖飲料。 3. 每餐攝取原型態食物…… ……（相關行動，在後續會有更多介紹。）

其實，瘦身不該是追求數字的競賽，而是一趟充滿冒險的探索旅程。當然，你可以用快速但損害身心的方式減肥，達到目標後，再像灰姑娘般恢復原狀。不過，我更期待你能用好奇的態度，用一段夠長的時間，來重新認識我們與身心的關係。每天執行迷你行動，也許速度慢，卻會讓你獲得超出預期的成效。

美湘不太有信心地說：「好吧！迷你行動看起來不難，我應該做得到吧？」

「聽起來真的不難！但我們還有些細節要再討論一下。」看到美湘願意逐步前進，我接著要向她確認瘦身目標底下的動機所在。

再確認動機，才有持續前進的動力

「你為什麼會想要瘦下來呢？」我好奇地問。

美湘困惑地回答：「就是想要面試順利啊！」

我接著問：「為什麼想要面試順利呢？」

美湘笑了出來。「就是想要有工作，能賺錢呀！」

我繼續問：「為什麼想要有工作、能賺錢呢？」

美湘停頓了一下，思考片刻後認真地說：「我想要開始獨立，不要再讓爸媽擔心我。」

我認真地看著美湘。「所以你真正想要的並不是瘦身，而是能夠成為一個獨立的人。所以從現在開始執行的每個迷你行動，都是你在往獨立方向前進的步伐。」

你發現了嗎？我在這裡重複詢問美湘「為什麼」，直到她找到自己最核心的瘦身動機。

這是改編自認知治療學派大師亞倫·貝克（Aaron Beck）發展出「蘇格拉底式對話（Socratic Dialogue）」中的「為什麼套句（WHY SET）」。透過三到五個為什麼，讓我們找出自己內心真正的想法與期待，進而提升採取行動的動機。

邀請你可以先從「抽象目標」開始問自己為什麼，幫助自己找到核心動機。為什麼是用抽象目標來問自己呢？因為具體目標主要是幫助我們知道所完成的任務及行動有哪些，而抽象目標能讓我們透過想像與感受，激勵內心的渴望與動機，幫助我們開啟行動向前邁進。

抽象目標（目標視覺化）	我要瘦下來
為什麼？	面試順利
為什麼？	工作賺錢
為什麼？	開始獨立

目標只能指引方向，動機才能帶來力量。就像是《綠野仙蹤》（*The Wizard of Oz*）裡的桃樂絲、膽小獅、鐵皮人和稻草人一樣，雖然都是沿著黃磚大道往奧茲國邁進，但讓他們不畏艱難而前行的勇氣，正是每個人心中最深的盼望。在踏上目標的路途之前，先試著找出自己內心最關鍵的動機來源，才能讓我們持續地前進。

第6課

進入你的健康／瘦身系統——誘發肥胖的想法因素②

看到了這裡，你還是覺得你有肥胖困擾嗎？設定好你的目標並找出動機了嗎？有先試著找出你的肥胖函數嗎？你能辨識出自己是生理或心理飢餓嗎？對於你的肥胖冰山有多點瞭解了嗎？準備好好照顧自己了嗎？是不是不知道該怎麼開始呢？

在回答這些問題之前，我先跟你分享小孟的故事。

小孟是我過去工作單位的同事，因為年紀相仿就特別有話聊。有一次我們談到年度健檢的報告結果。

「這次檢查你有紅字嗎？」身高一七〇公分，體重超過一百公斤的小孟問我。

「都正常啊！你的呢？」

「就三高滿江紅啊，哪像你天生吃不胖！我們這種人就是天生胖，有福氣，富貴病啦！你喔，要多吃一點，太瘦看起來勞碌命。」小孟是個樂觀開朗，認為人生就該及時行樂的人，講話有時候也有點口無遮攔。

「勞碌命？我看你才三高保費高，太胖常生病啦！」被取笑的我，也不甘示弱地回應。

「這次好像真的生病了！」過去只要談到健檢結果，總是以輕鬆態度面對的小孟，用少見的失落表情低聲地說。

從一個系統，進到另一個系統

小孟和我同年紀，當年也同一天到工作單位報到，還一起完成新進員工體檢。那時我們的健檢報告都是正常黑字，我的體重五十八公斤，他的體重六十二公斤。後來我們各自到不同單位服務，生活型態差異也漸漸在健康上出現變化。我的工作規律而單純，該用餐就用餐，下班還有同事相約跑步，有空也會上健身房；而小孟則要輪值三班，飲食睡眠都不正常，休假就急著用食物和睡覺來彌補平日的辛勞。幾年後，我的體重六十公斤，小孟則在不知不覺中突破了一百公斤。

「看來你該改變你的系統了！」我不只一次提醒小孟要好好地正視自己的健康

問題，看來這次應該有機會讓他採取行動了。

「改變系統？你是要換 iOS 還是 Android 啦？」愛搞笑的小孟，總是很難正經地討論事情。

什麼是系統呢？系統就是那些會讓你產生改變的時間、空間和過程。

你會刷牙吧？其實「會刷牙」就是在一種系統之下的結果：在我們小時候，家人會花一段時間在早上或就寢前（時間），陪我們在浴室（空間）裡學習如何擠牙膏在牙刷上，並用正確的方式刷牙（過程）。另外像是「會開車」也是一種系統的結果：你會在特定時間裡到駕訓班上課（空間），然後在教練的指導下，從不會變成會開車（過程）。所有的習慣養成（刷牙）或行為建立（開車），其實都是在某種系統之下的結果。

同樣道理，不論你是胖或瘦（體態），也是系統結果的一種，一種你在某種時間、空間與過程之下生活的體態結果。我的生活方式、工作型態和人際關係，讓我可以擁有一個「健康／瘦身」系統，即便隨著時間過去，我依然能輕鬆維持體態；而小孟身處的「不健康／肥胖」系統，則讓他的體重「毫不費力」地上升，即便也曾為了瘦身花費不下數十萬，卻因為沒有換到正確的系統，效果仍不明顯。

所以，想要改變體態，就得先從建立健康／瘦身的生活系統開始。

你呢？你的生活系統是哪一種？

「其實醫師也有建議我參加你的員工瘦身班，但真的有效嗎？」小孟多次的失敗經驗，讓他對瘦身不再抱有希望。

「你就當作來檢測你是iOS還是Android不就好了。反正員工班又不用花錢，也可以趁機來調整你的健康／瘦身系統。」我積極鼓勵小孟。

認識你的生活系統

「健康／瘦身系統？聽起來有點厲害，好像可以試試。」小孟開始認真起來。

「看來你願意嘗試看看囉！」這次，小孟好不容易從「懵懂無知」的狀態，進入「意識覺察」的階段。

兩位心理學家詹姆斯．普羅查斯卡（James Prochaska）與卡羅．迪克萊門特（Carlo Diclemente）曾對人類改變的過程，提出「改變輪（wheel of change）」的概念。改變輪是一個六階段的輪子，包含了在輪子之外的懵懂期，以及在輪子裡的沉思期、決定期、行動期、維持期與復發期（見下頁圖一）。

在獲得穩定改變之前，我們通常都會在這個輪子裡轉上幾圈，就像是減肥過程中，放棄個幾次是很正常的情形。關鍵在於你是否能找到正確的方向持續前進，直到你離開改變輪。

為了讓我們的系統能夠跑得更順暢，我試著把這個輪子做了點「升級」（圖二），除了原本的「懵懂期」，我把其餘的五階段調整成「意識覺察」、「選擇行動」與「維持習慣」三個階段，幫助我們更有效地改變自己。

幾年來，小孟對於自己的健康體態始終不太在意，一直到健康出了狀況，才開始認真想要加入瘦身班改善健康或瘦身系統。這就像是從圖二左側的「懵懂無知」狀態進到了系統中的「過程」。

過程是由「意識覺察」和「選擇

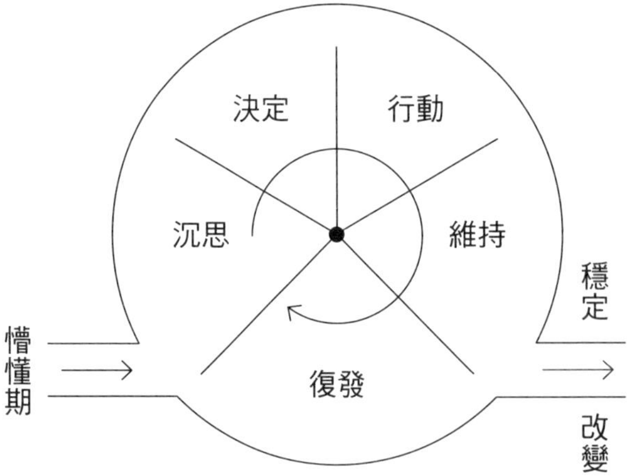

圖一　改變輪 1

行動」兩個部分所組成的，兩者之間透過不斷地重複循環，而進入到維持階段，最後成為一個新習慣。

意識覺察在原本的改變輪裡屬於沉思和決定期。在這個階段，人們會出現各式各樣的想法、感受與掙扎：吃或不吃？喝或不喝？改或不改？平靜或焦慮？真的有用嗎？真的能夠瘦嗎？會不會又失敗呢？

所有的改變，都啟動於你先意識到「我想要獲得」、「有事情需要被改變」，又或者是「有事情不對勁」的線索。例如我想要健康、想要快樂、需

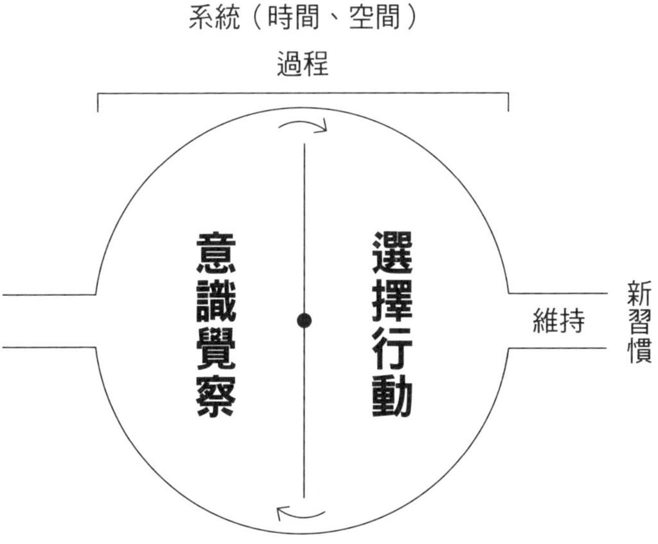

圖二　改變輪 2

要朋友、需要食物、我餓了、我胖了、我病了或是我老了等等想法或感受，這才有機會開啟人們「趨吉避凶」的行動。而當你沒有意識到這些線索所帶來的內外在影響時，自然就不會正確選擇開啟下一階段的行為。**有意識地覺察到真正需要改變的狀態為何，才能讓你正確行動，不再無意識地偏離軌道。**

你有意識並覺察到了嗎？當你滑手機時，不是為了工作，而是為了放鬆；當你喝進珍奶時，喝的不是珍珠，而是一整天的委屈；在你買了五包洋芋片時，真正吸引你的是擁有控制感。**意識到身心狀態的變動，再覺察到你所處的外在環境與內心狀態，將有助於我們一起發現你真正的需求所在，並採取正確的行動。**

想要紓壓嗎？除了手機和珍奶，你還有散步、瑜伽或種花可以選擇。

上班委屈了嗎？當然可以吃洋芋片，但是和朋友聊聊天、畫畫和健身，更能幫助你恢復能量。

感覺疲勞嗎？放下蛋糕、甜飲料和咖啡吧！好好睡個覺，或者抽空運動一下，會讓你更有活力。

過去的小孟，一直處在懵懂無知的狀態。雞排、洋芋片加珍奶，還有三餐、點心加宵夜，不知為何而吃，對身心缺乏覺察地吃，最後當然是健檢結果滿江紅。雖然也曾努力減肥，但缺乏對身心需求的意識和覺察，讓小孟老是用節食、狂運動、吃減肥藥、喝消脂茶等這些無法持續執行的短期策略。

你也是這樣嗎？或許，你也該調整一下你的系統囉。

如何建立健康／瘦身系統？

「我大概能理解不健康／肥胖系統對我的影響，但我不太清楚怎麼開始新的系統？」雖然已經進入瘦身班，但小孟對如何建立健康／瘦身系統仍有點困惑。

「從你願意進瘦身班，你就開始在建立系統了！」我很開心小孟能主動提問。就像還能把書看到這邊的你一樣，小孟從他有意願加入瘦身課程，就表示你們都已經從懵懂無知的狀態，進到意識覺察的階段了。

管理學大師彼得．杜拉克（Peter Drucker）說過：「你無法處理你看不見的東西。」當你開始意識覺察到過去不曾發現的事物或觀點時，其實就已經進到一個新系統了，即便你還沒有開始採取任何行動。而**建立新系統的最終目的在於，我們能培養出一個好的生活習慣**。

想要健康／瘦身，你必須建立至少五個系統：飲食、運動、睡眠、壓力調適與人際關係（簡稱「吃動睡壓人」）。就像肥胖冰山理論所提的概念一樣，肥胖只不過是冰山所冒出來的一角，還有許多沒被注意到的事影響著你肥胖的程度。其中，「吃動睡壓人」這五件事，更是關鍵中的關鍵。

在後面的章節裡，我會提供給你對於這五個系統的不同理解，拓展你對於健康／瘦身這件事的新觀點。當你漸漸對自己的身心需求有更多的意識覺察之後，我也會在每個大段落提供必要的行動建議或方案，讓你能夠選擇正確的行動，進而啟動你的健康／瘦身系統，養成能長久持續的健康／瘦身習慣。

肥胖無法被解決，你只能改變帶來肥胖的系統

「聽起來好累喔！減個肥那麼麻煩，不就少吃點、多運動嗎？你的課一定是讓學生累到瘦下來的。」減肥經驗豐富的小孟，過去總是追求速效方式，面對需要時間和空間練習的新技巧，難免會有些抱怨。

「花點時間來上上課，回家再做一點練習，感覺是有點累。但是你每個禮拜都要回診，不是更累嗎？」因為交情深厚，我知道小孟因為健康狀況不佳，每週都要回醫院進行追蹤。

肥胖是一種生活系統的結果，你無法直接解決結果，只能從改變系統著手。就

像學生想要考試高分，但你無法直接獲得高分，而是必須花時間在學校或家裡（空間），認真讀書和寫練習題（過程）才能獲取好成績；也如同想擁有健美身材，你要定期（時間）上健身房（空間）練習，攝取足夠營養和熱量（過程），身體才會慢慢出現變化。**瘦身，就跟讀書考試還有鍛鍊身材一樣，需要時間、空間和過程的醞釀**。

改變系統雖然不是件輕鬆的事情，但也不如你想像中的困難。**請給自己至少八週的時間閱讀這本書，並跟著書中的每個步驟和練習來執行**。相信我，這可能是你最有機會長久維持健康／瘦身的一次機會。給自己一段充足的時間，找個可以好好閱讀的空間，再把書裡的內容消化吸收，並實際執行，身體會因為處在健康瘦身系統而回報你的。

你會瘦下來，不是因為你在減肥，而是因為你讓身心過得更健康。

你一定很好奇，小孟到底有沒有成功瘦身吧？

有喔！他不只減去過多的身體負擔，還因為成功瘦身上過報紙，聽說後來還娶到漂亮同事當太太呢！

對了！他最近還告訴我他要去參加健美比賽喔！

第7課

總是等待完美時機，將會永遠等待

——誘發肥胖的想法因素③

「我已經吃那麼少了，怎麼就是瘦不下來呢？」已經試過各式減肥方式和產品的小英，對瘦身成效一直有著焦慮。

「瘦不下來，真的會讓人很焦慮。我們一起來看看可以怎麼調整吧？你有把飲食照片帶來嗎？」我詢問小英。

研究發現，拍攝食物照片有助於追蹤飲食模式並調整飲食內容，而拍照過程也會讓我們對所選的食物和份量更有覺察，這是養成健康瘦身習慣的重要步驟。

小英有點緊張地說：「飲食照片我都有拍，不過今天又忘記帶手機了！」這是小英的第四次會談，她還是沒有把每天拍的食物照片帶給我看，反而一直抱怨已經減少食量的自己還是瘦不下來，以及過去付出的努力又讓自己多挫折。

小英已經設定好瘦身的具體目標，也澄清了目標底下的動機，卻還是難以在現實生活中採取必要的改變行動。已經嘗過太多失敗滋味的她，總在心底重複上演自己是失敗者的戲碼，光是想像就耗掉她大部分的心理能量，更遑論採取行動。

「沒關係，我們先來做個小活動吧！」我微笑著對她說。

夢想遠在天邊，採取行動才能近在眼前

請你也跟著小英一起拿著紙筆，試著用文字來回答這十個問題：

一、你是從什麼時候開始發胖的？
二、從那個時候到現在，你「總共」做了哪些「事情」才讓身體變胖？
三、你期待中的瘦身「具體目標」是什麼？為什麼你想達成這個目標呢？
四、你這次的改變和過去的嘗試有哪些不同之處？
五、過去的嘗試裡，有哪些經驗可以運用在這次的改變？
六、你認為這次必須做哪些事情才能達到目標？
七、你願意為這些事情付出哪些代價？

八、過程中，可能會遇到哪些障礙呢？可以怎麼處理或尋求協助呢？
九、你覺得要花多少時間才能完成目標？為什麼不是更快或更久呢？
十、你會等感覺對了才行動，還是時間一到就行動呢？為什麼？

請好好思考並回答上面這些問題，這有助於你找到無法採取行動的原因。

當人們知道卻做不到，往往是因為行為的「自動駕駛模式」在不知不覺中被開啟。過於模糊的夢想、缺乏步驟的目標、曾經挫敗的經驗、資源不足的擔心，以及時間安排的焦慮等種種因素，都可能讓你回到原本的行為模式而難以改變。

你可以先從建立自我意識開始做起，找到行為的意義與目的，並有意識地選擇該採取的行為來轉換你的自動駕駛模式。全面整理自己過去做過哪些事才造成現況，再釐清健康或瘦身對我們的意義何在，並評估現況和目標之間的差距。這有助於避免我們自動回到原本的行為模式，提高你選擇執行必要行為的可能性。

更多時候，難以採取行動是因為你還陷在過去的生活系統中。在前一課中提過，系統就是那些會讓你產生改變的時間、空間和過程。雖然你想要抵達新的目標，卻仍然採用過去的舊系統在生活，這就像是你想要用手機來視訊通話，手上卻還拿著黑金剛手機一樣。

目標只能藉由適合的「系統」來完成，你必須從建立所需要的系統開始。

但就像《七龍珠》的悟空一樣，真正讓你變強的關鍵原因，並非你進到精神時光屋裡（時間、空間），而是你在裡面所進行的鍛鍊（過程）。過程包含了「意識覺察」、「選擇行動」與「維持習慣」三個階段。

小英原本以為自己已經進到選擇行動的階段，但其實她還有許多意識覺察的任務沒有完成，所以被困在原本的自動駕駛模式中而不自知。

「其實我什麼都沒做，我就是沒有用！什麼事都做不好！」小英眼眶泛淚，哽咽地說。

小英在家中排行老么，跟哥哥姊姊們差了至少八歲。長相甜美的她，從小就受到家人的極致寵愛，而食物正是家人對她表達愛的方式之一，從佳餚美食到飲料零食，吃這件事就跟疼惜和照顧連結在一起。當壓力出現或生活遭遇困境時，好好吃一頓，就變成她自我照顧的唯一方法。

「你還小啦！」、「你不會啦！」、「你怎麼又搞成這樣了？」、「日子過得好好的，你就別再想東想西了啦！」、「胖胖的，真可愛！」，這些都是在她的成長經驗裡從父母兄姊嘴裡最常聽到的話。即便畢業於名校，進入人人稱羨的上市公司，一直被幼體化對待的她，總是對自己的能力和外表感到自卑，更擔心自己會不會在哪個沒注意到的細節出錯，把事情搞砸，招來大家的關注與指責。

避免失敗有許多方法，有時候我們會採取跟小英一樣的方式，就是盡量「不採取行動」。又或者，我們會透過心理防衛機制，來告訴自己或他人不相信自己能改變，以減少自己因為不成功可能帶來的挫折感。這是一種很正常的心理運作機制，因為沒有人希望自己失敗。我們總是在等待一個最恰當的時機，做好最充足的準備，以及等到有種「我可以了」的感覺才願意採取行動。

但我們必須瞭解，**時機和準備總是難以完美，感受和情緒是無法被控制的，你唯一能掌握的，只有選擇如何行動。**世界的自然運作就是會把許多未知、困境與挑戰擺在我們的面前，讓你感覺到擔心、焦慮和害怕。**覺察感受的來源是一件重要的事情，但如果只是停留在「感受」上，將無法改變任何事情，唯有採取「有意識的行動」才能拿回對生活系統的掌握權。**

往目標邁進，先準備好三件事

「心理師對不起，我什麼都沒做到。」小英低著頭抽光了桌上的面紙，才把臉上的鼻涕眼淚擦乾。

「你做到的可多囉！」

小英抬起頭，驚訝地看著我。

「你能按時接受諮商，願意跟我說你遇到的困難，能夠承認自己害怕失敗，你勇敢地告訴我還沒開始行動，這些都是你做到的事情啊！」我接著說：「其實我忘了告訴你，我們還得先準備好三件事。」

一、先把障礙移除

與大部分人所謂的正向思考不同，歐庭珍（Oettingen）教授認為，除了夢想美好的未來之外，看清楚可能出現的障礙，將有助於提升採取行動的可能性。她在《正向思考不是你想的那樣》（*Rethinking Positive Thinking*）裡提出「心智對比（mental contrasting）」思考訓練。簡而言之，那就是「添加一點現實感到人們對於未來的正向幻想當中」，不光只是沉溺於美好未來的幻想，還要找出過程中的可能障礙，這能幫助你修正過於樂觀的目標，並提前思考該如何因應可能出現的困境，以增加完成目標的信心。

你可以先試著問自己：「出現在我和目標之間的障礙是什麼？」把它們列成清單，再接著用「哪一個障礙被排除之後，可以讓其他的障礙跟著消失？」這個問題來替障礙清單排出移除的先後順序。

這可以避免我們因為急著開始行動，而老是困在治標不治本的打地鼠遊戲裡。藉由找出關鍵障礙，有助於選擇應該從哪裡開始突破困境，向前邁進。

先不要把未來想得太美好，不然會難以承受途中遇到的任何障礙。有困難，才是真實人生所應該出現的樣貌，而你絕對有能力找到解決問題的那把鑰匙。

二、再聚焦小行動

《少，但是更好》（*Essentialism: The Disciplined Pursuit of Less*）這本書裡提醒我們，別老是追求遠大、虛幻且浮誇的目標，應該在符合現實的具體目標裡，增加微小卻有進展的小小勝利。

人們總是誤以為改變需要透過重大行動開啟，卻不曉得其實每次的小小成功經驗，才是讓你持續採取行動的動機來源。與其總是等待完美時機或巨大勝利出現，你更需要學習龜兔賽跑裡的烏龜，把每個小步伐踩穩，持續穩定地往目標邁進。

如果把《道德經》裡「千里之行，始於足下」的概念套用在瘦身上，那應該就是「**百斤之重，筷子放下**」了。所謂的筷子放下，可不是要你節食或不吃東西喔！與其從一開始就要求自己嚴格計算熱量、勉強增加運動或是進行各種石破天驚的飲食計劃，你只要試著在每次夾食物進嘴巴之後，放下你的筷子，慢慢咀嚼口中的食物，你的進食量就有機會被降低。

放下你對完美行動的期待，從你能做到的迷你行動開始吧！有做就很好！

三、多給自己時間

諾貝爾經濟學獎得主丹尼爾．康納曼（Daniel Kahneman）在一九七九年提出規劃謬誤（planning fallacy）這個名詞，說明人們總是會低估完成一件任務所需要的時間，即便他們先前曾經實際執行這項任務。其實你在這一課開頭的第九題所回答的答案，根本不足以讓你達成期待中的目標，試著再多給自己一些時間吧！因為過程中，你還會遇到許多預期之外的困難和障礙，充裕的時間能讓我們更有餘裕地做好面對失敗的準備。

最後記得提醒自己，完成比完美更重要。減少在想像、擔心、焦慮和追求完美上所花的時間。**試著先從迷你行動開始完成吧**！多喝一口水，很好！少吃一片洋芋片，很好！離開椅子動一動，很好！你能把這麼長的文章看到這裡，真的超級棒！

在瘦身這件事情上，有進度絕對會比有速度還重要，因為瘦身並不是個固定的結果，而是一個持續前進的歷程。

每次的小行動，都是在幫自己投票

「我每次要拍食物照片之前，腦海裡就會傳來爸媽還有哥哥姊姊們曾經對我說過的話，讓我覺得自己就是個失敗者。我更擔心如果你看到我的食物照片，會不會也覺得我真的沒救了？」略顯疲累的小英擔心地說。

「有沒有救，並不是我說了算，而是你選擇如何看待你自己。」

《原子習慣》（*Atomic Habits*）的作者詹姆斯・克利爾（James Clear）說過：「你採取的每一個行動都是對你希望成為的那個人投票。單一個行為不會轉變你的信念，但隨著票數的累積，你新身分的證明也會隨之增加。」你每次所選擇的迷你行動，都是你對自己是怎樣的人所投下的一票，這就像是場選舉，你無法取得絕對的勝利，但只要能取得相對高的得票比例，你就是勝選的那個人。

「好吧！就只是拍照嘛！我從今天開始每餐都用 LINE 傳給你！」小英的臉上充滿自信。

「這真是太棒了！」我豎起拇指，開心地回應。

「不過，我待會要跟朋友去吃麥○勞喔。」小英露出尷尬的笑容。

第8課

不習慣正是新習慣的起點

——誘發肥胖的想法因素④

「都已經二十一天了，我怎麼還是沒有養成健康好習慣呢？」麗芸失望地看著眼前的體重數字，疑惑地問。

在給完足夠的同理心回應之後，我告訴她：「因為二十一天養成習慣的說法，原本就是個迷思啊！我們需要的時間可能更久一點，我們慢慢來，會比較快。」

「那我到底還要多久才能養成這些習慣啊？」麗芸有點焦慮地問。

「每個人的狀態和條件都不一樣，如果有人可以給你一個肯定的答案，那他就只是把書上看到或網路上搜尋到的內容說給你聽的。」

用二十一天（或三十天）來建立一個習慣的說法，最早可以追朔到整形醫師麥斯威爾・馬爾茲（Maxwell Maltz）在一九六〇年所出版的《改造生命的自我形象整容術》（*Psycho-Cybernetics*）。他發現截肢患者與整形的人，大概要用二十一天來重新適應殘缺的身體或改變的容貌，他就根據這個觀察提出改變生活要二十一天的觀點。許多心靈成長大師或企業教育訓練領域更把這個神奇天數發揚光大。

關於養成習慣需要多少時間的研究眾多，一致的發現就是「所需時間的範圍很廣」。例如培養新的飲食習慣所需要的時間，從十多天到兩三百天都有可能，這代表著養成新習慣所需要的時間，其實有著很大的個別差異。這受到你的動機、資源、個人特質、先前習慣等眾多因素的影響，也會因為你所要養成的習慣難易度而有不同。例如每天喝水和每天做一百下伏地挺身兩種習慣，本身就需要不同的時間才能養成，再加上你跟我擁有不同的條件，所需要的時間差異就更大。

事實上，**關鍵根本不在於你要花多少時間才能養成習慣，而是你能「持續」執行這個行為多久**。建立習慣的過程就像是你先騎腳踏車上到山頂，再接著滑下山。那高聳的山頂就是你養成習慣的那一刻，後面你就能輕鬆到達另一個境界。此時在山腳下的你，可能會望著山頂問自己：「我還要多久才能到那裡呢？」但是想要抵達山頂，終究得持續踩著踏板前進。剛開始，你需要使出很大的力氣才能往前進，但隨著坡度漸緩，會越來越輕鬆，但在到達山頂前，你要持續踩著踏板，否則就會退到原點。

行為的養成也跟騎腳踏車一樣，你不需要「連續」猛踩踏板，卻要「持續」踩著踏板前進，直到抵達山頂。

麗芸在開始的前兩週大刀闊斧地調整生活型態，為的就是能在第二十一天變成一個嶄新的自己。她開始不吃零食飲料，自己準備原型食物；不再只是窩在沙發上追劇，有空就跑健身房；不在睡前滑手機，建立新的睡前儀式。她希望自己能夠在第三週開始的那一刻，讓這些行為自然變成一種習慣。然而，這就像是用盡全力衝刺的腳踏車選手，自以為已經抵達山頂，抬頭一看猛然驚覺還在半山腰，雙腿卻已無力向前。真正的改變需要持續的日常，而不是偶爾為之的熱血行動。

「那我接下來該怎麼做呢？」麗芸原本抱著二十一天改變自己的希望，在面對事實之後顯得有些挫折。

「其實也沒那麼困難啦。」我笑著說。

你要的，比想像中的困難，也比想像中的簡單

培養習慣，從來就不是盤古開天式的出現，而是一種滴水穿石般的呈現。很多人都和麗芸一樣，總是希望自己的瘦身之路有如神助，在某段時間裡進行驚天動地

的生活調整，就可以在某次量體重時發現自己少了好幾公斤。

先把這樣不切實際的妄想放下吧！你根本無法控制降低多少體重、體脂率和腰圍。相較於各種身體數字，你真正能掌握的只有建立一個正確的健康／瘦身系統。

身體數字或身心狀態就是你所處的健康／瘦身系統所帶來的結果。你的體重是飲食系統的結果，你的肌肉量是運動系統的結果，你的情緒是睡眠系統的結果，你的心情是壓力系統的結果，你的心理彈性是人際系統的結果。要獲得期待中的數字或身心狀態，只能從建立良好的系統開始，再從系統中培養出你的健康生活好習慣，帶來你所期待的結果。

在你所有的健康／瘦身系統裡，都包含了「意識覺察」、「選擇行動」與「維持習慣」三個階段，而真正困難的地方就在最後一個「維持習慣」。但有趣的是，維持習慣的方法卻又無比簡單，那就是「持續地做」，做到你會自動去做這件事情為止。

感覺「不習慣」，就表示在培養新習慣，繼續做就對了！

麗芸問：「持續做？聽起來容易，可是我每次放下零食，改吃那些蔬菜和肉的時候，就是感覺很不習慣啊。這樣正常嗎？」

「超級正常的啊！因為『不習慣』就表示你正在建立『新習慣』喔。」聽完麗芸的疑問，我想讓她更瞭解持續做的重要性。

習慣，就是一種自然而然的自動化行為。假設我請你用筆寫下你的名字，你會用哪隻手去寫呢？不管是左手或右手，通常就是你的慣用手。如果請你用你的「非慣用手」寫看看，會不會有點「不習慣」？或許會感覺字有點醜，寫得有點吃力很想換回「慣用手」吧。

不習慣，就表示你正在用一種和原本不同的方式行動，相反地，不會不習慣，就代表你根本沒有在培養新習慣啊！

建立新習慣，就是要把新行動重複執行到變成另一種自動化行為。請在這裡試著用「非慣用手」連續寫三十次你的名字。每寫一次就感覺一下：是不是越寫越「習慣」、越寫越順暢呢？你並不是在第一遍就寫得好看或端正，而是隨著練習的次數越多，越知道該如何「執行這件事」。這種現象可以歸功於大腦的「神經可塑性（neuro-plasticity）」，你透過一次又一次地重複動作，就像在健身般鍛鍊你的神經突觸產生連結，讓大腦裡「非慣用手寫字」的新連結可以被建立起來，並形成一個新的習慣。

但是舊習慣無法被「改掉」，只能用新習慣「取代」。再來試試看，當我請你用最快的速度寫下你的名字，這時候你會用「慣用手」還是「非慣用手」來寫呢？我想大部分的人還是會回到原本的習慣裡。

在這邊，我想告訴你的是，所謂的舊習慣或壞習慣從來就不會被「刪除掉」，而是被你的新或好習慣「取代」。你原本的習慣在大腦裡的神經連結就像一條寬廣的高速公路，只要你一趕時間，就回到原本的行為模式裡。你現在嘗試調整的新行為，就像是一條還需要繼續拓寬的小巷子，除非你有意識地刻意執行，否則它還是會被你遺忘。

因此，就算你以為自己養成了新習慣，還是別忘記要持續執行下去。

三種技巧幫助有效持續地執行

聽到這邊，麗芸有點無奈地說：「所以不習慣好像才是正常的！不過要持續執行真的好困難喔！而且這樣的人生好無趣……」

「我也這麼覺得。雖然很多專家告訴我們，成功者總能在重複的事情中找到無止境的樂趣，但在我們成為成功者之前，可以試著用三個小技巧讓自己更容易維持。」除了同理之外，我覺得麗芸更需要具體的建議。

一、用「自我對話」鼓勵

正向積極的自我對話能讓你更有力量，也更願意繼續堅持下去。當你告訴自己「我做得到」或「我做不到」，都是對的，因為你在心裡告訴自己的話語都會轉化為你的行動。試著用簡短具體的自我對話，把抱怨或不滿轉換成力量的來源。與其告訴自己「我好可憐，都在吃菜」，你可以告訴自己「每一口蔬菜，都是我為健康做出的努力」；或許你偶爾會說「運動好辛苦！又要去健身房了」，你可以對自己說「我的每一滴汗水，都是努力的證明」。試著把這些自我對話寫下來，常常提醒自己，心態的轉變會為你的持續前進充電。

二、用持續取代連續

除了努力還需要加上休息，才能夠抵達山頂。《一流的人如何保持顛峰》（*Peak Performance*）這本書透過訪談並研究各領域的傑出人士之後，提出一個「壓力＋休息＝成長」的公式。你在要求自己持續執行某個行動時，勢必會帶來壓力，因為身體和大腦都在重新適應並建立連結，這是改變習慣必經的過程。雖然你未必能夠連續地做到，但請務必要持續執行。先安排好足夠的休息時間，讓自己的身心有機會調整和適應，準備好體力，再接著繼續前進。別像個莽撞的自行車手只是用力踩踏板，卻不曉得還有多長的路要騎。

三、找人一起進行

當我們知道有人和我們一起努力，會更願意繼續下去。研究結果發現，和朋友一起分享飲食日記，減掉的體重可能會多一倍，而與別人一起上運動課程時，同步行動的團體感會讓你更能繼續出席。相較於自己獨自進行時，你很容易因為「感覺不習慣」而放棄；團體力量的出現，會讓你即便感覺無聊或氣餒，也比較不會輕易放棄。當你能夠繼續維持行動，大腦連結就更有機會被重新建立，產生新習慣。

「自我對話、安排休息和找人一起，聽起來好像變簡單了一些。」麗芸鬆了口氣說。

「聽懂道理和實際執行是兩件不同的事情。養成習慣是種啟動身體記憶的過程，起點就在開始執行的那一刻。」

「好！那我決定先從調整飲食習慣開始，讓自己往山頂出發。我要先加入健康飲食的網路社團，學習網友怎麼備餐，讓每天的飲食更健康。洋芋片雖然很好吃，但我決定週六才能吃。還有，我這是在學習照顧自己，讓身心都獲得滋養。」麗芸邊講邊露出尷尬的笑容，她應該還「不習慣」這樣說話。

「很好啊！不習慣就表示我們在邁向新習慣的路上。」

動機能讓你從山腳出發，持續才能使你抵達山頂

美國眾議院議員同時也是奧運長跑選手的吉姆・萊恩（Jim Ryun）說過：「動機會讓你開始，習慣則讓你持續。」我很認同這句話，但是我覺得最後還要加上「但持續才能習慣」。因為所有的新習慣都是藉由重新建立大腦連結而來，而這個連結必須藉由我們持續不斷重複相同行為而產生。

人類每天的行為裡有將近五〇%是由習慣所決定，在你的生活型態裡的各種習慣都會深遠地影響你的身心健康與狀態。在前面幾課，我先協助你找出深藏在具體目標底下的核心動機，也逐步帶領你看見建立系統所需要的步驟；現在，就等你持續地踩著踏板，一起往山頂前進囉！

第9課

那我要吃多少呢？——關於食量，我該學著選擇

在心理瘦身課的課堂裡，經常有學員問到下面這幾個問題：

「我的蛋白質一天要吃多少啊？按我的體重來算這樣不會太多嗎？」

「只吃這些東西真的讓我感覺很空虛，連一包洋芋片都不能吃嗎？」

「如果是吃水餃，我一天可以吃幾顆啊？可以多叫一碗酸辣湯嗎？」

在你的瘦身過程中，是否也曾經出現過類似的疑問呢？

在我回答這些關於食物份量的問題之前，先跟你分享一個有趣的經驗。

某次我帶著家人和朋友一起去南投山上露營。晚餐時間，大家吃喝談天，隔壁帳篷突然傳來孩子的笑聲和大人的安撫聲，吸引了我的注意力。

「乖喔！再一口就吃完囉……」媽媽用溫柔的聲音哄著孩子把食物吃完。

年約三、四歲的孩子拍著肚子，可愛地說：「我飽了，肚子大大的！飽了！」媽媽伸出握著湯匙的手說：「你很棒喔，吃飽囉，來，再吃一口才會長大！」孩子應該真的很飽了，緊閉著嘴巴，推開湯匙，接著哭了起來。「他不要吃就別餵了啦！你自己先吃吧！」旁邊的爸爸順手抱起孩子，表情略顯無奈。

媽媽拉高音量：「孩子都這麼瘦了，你還說不要餵，那就都不要吃了。」然後生氣地鑽進帳篷裡。

整個露營區頓時安靜下來，我們這區的一夥人都乖乖把盤子裡的東西吃光，深怕自己也會被罵。

食量沒有標準答案

不知道你看完這個故事之後，出現了哪些感受跟想法呢？不過，在這裡我想提出兩個觀察：

一、**體重、體態因年齡而有不同期待：**還記得我兒子剛出生時，體重將近四千克，來訪親友最常見的反應就是：「好健康的寶寶喔！長得真好！」嬰幼兒時期的我們，似乎越能吃，體重越重，就越容易成為父母的驕傲。但是進入兒童階段，胖和重卻變成一種罪惡與不負責的代表。「都這麼胖了還吃？」「還好柱子不能吃，不然我們家都被吃倒了！」「你是大象，我們不跟你當朋友。」於是，長大後的我們，就很容易對食物、進食和食量產生一種極度矛盾跟衝突的感受。

二、**食量會受到多種因素影響：**很多人誤以為自己是肚子餓才會進食。在你還是嬰兒的時候，確實會純粹因為肚子餓而進食，但隨著年紀漸增與生活日趨複雜，媽媽的鼓勵、父母的矛盾、心情的波動、食物的容器或進食的地點，有許多因素都會在不知不覺中影響著你吃下多少東西，只是大多數時候你沒有意識與覺察到。你會因此多吃進許多身體並不需要的食物，日積月累之下，肥胖就是必然的結果。

不管是體重、體態，或是食量多少，都沒有絕對完美的標準，重點是能不能找到最平衡、自在和舒服的狀態。

不曉得現在的你有沒有過相同的感覺？不光是食量，就連要吃哪些東西都會讓你感到非常困惑和焦慮，這其實是很可惜的一件事。食物原本應該是提供我們幸福、滿足、能量和連結的來源，但隨著年紀增長和社會環境的影響，進食這件事卻變得困難而嚴格。

食量原本就沒有標準答案，關鍵在於你能否瞭解自己的身心需求。以吃水餃為例，你可以試著從三個面向來決定要吃多少：

一、**生理面向**：你可以用評估營養組成和熱量分配的方式，規劃自己在一餐裡吃幾顆水餃，它能提供一個相對具體的份量概念。不過，除非水餃皮和餡料都是自己準備的且經過你嚴格的秤重和計算，否則我們就只能推估出一個大概數量，掌握大致的營養熱量圖樣。

二、**心理面向**：你在點餐前可以先問問自己：「我有多餓呢？我需要幾顆水餃才能感到滿足？」在吃水餃的時候請放慢速度，細細品嘗也順道感受一下水餃進到肚子裡的飽足感。當你覺得肚子飽了卻又吃下一顆水餃時，記得問自己：「我怎麼飽了還繼續吃呢？」

三、**環境面向**：我相信你應該也遇過一些店家的菜單上面寫著：水餃一份十顆。反正老闆一次就賣十顆，要吃就吃，不吃拉倒。這讓你就算想評估營養與熱量，或是想從身心需求來決定點幾顆水餃的機會都沒有。很多時候，食物份量就是被外在因素所決定的。

上面三個面向，都是你在決定食物份量時，可以參考的角度。

不過從營養與熱量的角度來看，我不太曉得八顆或十顆水餃造成肥胖的差異有多大，但有很多人會在這兩顆水餃上糾結不已。而且我知道，如果我告訴你：「吃五顆水餃比較好喔！」你或許會因為只吃了四顆而感覺驕傲（或是感覺可以多吃塊蛋糕）；也可能會因為吃了八顆水餃感到自責（又或者根本不會），然後開啟下一輪的暴食循環或運動補償。

我更相信，就算你要求自己只能吃八顆，但是當老闆送上十顆一份的水餃時，你仍可能為了那多出來的兩顆感到困擾，吃或不吃都牽動著你的情緒；或者是覺得十顆不夠吃，再多點一碗陽春麵。

根本的問題在於，**飲食原本就是件沒有標準答案的事，只有你才能找到自己可以吃多少的答案**。

按照需求調整份量

食物本身並無好壞，該被區分好壞的是飲食習慣。隨著每種食物的健康程度不同（相關概念請見第十九課），我們必須學習斟酌攝取的份量與頻率。關鍵在於，能不能先意識到飲食習慣的模式，再覺察到每次飲食背後的需求，並且做出選擇，讓自己獲得適當的滿足。

要吃多少食物，原本就有著多元角度的評估標準。我吃的十顆水餃，一定跟你吃下十顆水餃的感受不同；你喝的珍奶，也一定和我喝的珍奶帶來不一樣的享受。重點在於，**認識到食物滿足與飽足的不同面向，並適時做到自我意識和覺察，只要身心需求都能獲得足夠的照顧，我們自然就會停止進食**。

如果想瘦身，請掌握挑選食物的健康原則，才有機會完成預計達到的體態目標；想怒吃一波，或用炸雞披薩安撫空虛心靈，並沒有不行，但我們要學著調整比例和頻率；面對吃不完的便當，你可以先把食物分享給同事，別再扮演廚餘桶，硬把食物塞進身體裡。

有時候，嘴巴會多吃是因為心理有渴求；而不知道該吃多少，更常是因為我們或許不太瞭解自己的心。

第10課

瘦身？減肥？——你想改變的是真實的你，還是想像中的你？

你有聽過「神奇的四十八公斤」嗎？

在我的診間或教室裡，經常聽到女生告訴我：「我只要四十八公斤就好了！」而且不管身高多少或年齡高低，這個體重數字似乎有著神奇的魔力，好像只要達到這個數字，就能從此得到幸福與美麗。

我原本認為這不過就是個沒有根據的理想體重數字，直到遇到了小姿，我才知道這「神奇的四十八公斤」其實更像個詛咒，讓許多人深陷瘦身地獄。

身高一七三公分的小姿有點生氣地向我抱怨：「我只差兩公斤就四十八公斤了，營養師為什麼叫我先暫停減肥？我明明就還很胖啊！你看看我的臉頰、我的手臂，我快要不敢照鏡子了。我怎麼可能不用減肥啦？」雖然氣若游絲，但可以感覺到小姿的自我要求頗高。

在我眼前的她，雖然經過精心打扮，但搭配一雙瘦長的鉛筆腿、衛生筷般纖細的手臂、凹陷的臉頰，再加上雙眼濃濃的黑眼圈，讓人很擔心她的健康狀況。

對於「瘦」這件事，小姿有著近乎信仰般的狂熱。她每天最重要的事就是監控自己的身材。她會在每天早晚量體重，體重只要一上升，她就會陷入無限的焦慮與驚恐，接著會檢討自己多吃了什麼，計畫如何把多出來的體重消除掉；如果體重下降，她則會感受到對身體有掌握感和自信。

她還常站在鏡子前不安地檢查自己的每一寸身體，深怕有一丁點的「胖」摧毀她期待中的「瘦」。只要一發現自己胖了，就立刻限制自己吃任何含糖或油的食物，只吃蔬菜和喝水，直到體重與身形來到她設定的「理想標準」。

其實小姿所看到的自己，已經不再只是透過鏡子反射回來的真實自己，比較像是遊樂園裡的哈哈鏡呈現出的一副扭曲變形的身體。

請好好地看看你的身體

在繼續講述小姿的故事前，我先邀請你來做個有趣的練習。請先找到一面全身鏡，然後仔細端詳你在鏡子裡的體態身形，接著請閉上眼睛，試著在腦海裡想像自己的身材樣貌。

你是肥胖臃腫？纖瘦苗條？還是身材適中呢？

你認為你的身體是美麗？醜陋？還是平凡呢？

這個練習會讓你感覺到焦慮？羞恥？緊張？自信？還是驕傲？

在這個時候，你是如何看待自己的身體呢？

在這裡，你的答案沒有對錯，但是你的回答都多少反映了你的身體意象（body image）為何。

對於身體意象的定義，目前並沒有被普遍認同的看法。簡單來說，身體意象就是一個人如何看待自己的體型、體態或身材，這會因為成長過程中的各種事件、記憶、經驗、學習和對自我理解的不同而出現變化，而且還會受到社會潮流和主流文化的影響。

身體意象的困擾經常出現在年輕女性身上。研究更發現，早在國小一年級左右，部分女生就開始對體重或體型感到焦慮，甚至還有許多少女透過不健康的方式控制體重，例如節食、吸菸、催吐或吃瀉藥，以達到社會期待或想像中的理想外表（有時被稱為瘦、美、苗條或漂亮）。隨著社交媒體和社會期待的影響，其實有些男生也面臨身體強壯或肌肉發達的社會壓力，漸漸地出現身體意象上的問題。

「你一直期待自己能瘦到四十八公斤，但我很好奇五十公斤的你和四十八公斤的你，有什麼不一樣？」我想讓身體意象已經扭曲，甚至出現病態的小姿，能用不同角度重新思考對體重的期待。

「我不允許自己有做不到的事！我就是要四十八公斤！」瘦弱到只剩皮包骨的小姿虛弱地告訴我，為了瘦下來，她願意付出一切。

打開一扇窗，看見自己的困境

人生勝利組的小姿也有她挫敗的一面。聰明幹練、外貌姣好、家境富裕，再加上從事高薪的醫療工作，白富美的她總是引人注意。小姿在眾人面前一直自律又自信，幾乎沒有她做不到的事。但她自己知道「大象」、「鯨魚」和「肥滋滋」這些小時候的綽號，是她深藏心底的痛苦回憶，絕不能讓任何人發現。

國小時期的小姿總是零食飲料不離手，體型日益寬廣，也因為體型肥胖經常成為同學嘲諷的對象。升上國中之後，開始和同學一起節食瘦身，這讓她突然發現自己可以「控制食慾」，而且在瘦下來之後，眾人的稱讚更讓她要求自己必須繼續與食物對抗，不能輸給進食的渴望。

有時候對瘦身的狂熱，來自於你不曉得的一扇窗，正影響著你對身體的想像。

社會心理學家喬瑟夫．魯夫特（Joseph Luft）與哈利．英格漢（Harry Ingram）在一九五五年提出周哈里窗（Johari Window）的概念，將我們對自己的理解和別人對我們的認識程度劃分為四個區域：

一、**公開我**

自己和別人都知道的區域，是會被看見或與人分享的部分，就像我們的姓名、年齡或體態、身形。這是你與這個世界連結的窗口，也是自我認識的基本來源，卻也經常讓你在瘦身過程中焦慮不已。

二、**盲目我**

不自知卻被別人看見的區域，例如一些不健康飲食習慣、錯誤的營養知識，那些你沒有察覺，但他人可以明顯看見的部分。若是能透過主動詢問或學習，這個部分是可以被縮小的，也更能讓你健康地減脂。

三、隱藏我

只有我們自己知道而他人並不曉得的區域。在這裡，有著你不願意讓別人知道的弱點，還有那些讓你覺得羞恥或丟臉的事情。為了隱藏這個窗口，你可能會在日常生活中費大把力氣去掩飾，或者更加努力讓人只注意到你的公開我，這就是小姿每天在過的日常。

四、未知我

這是自己不知道、別人也不知道的領域，有些人稱之為潛意識或盲點。在這個窗裡，經常隱藏著過去的成長經歷、壓抑情緒、創傷苦痛與學習經驗，並在你沒意識到的狀況下，深深影響著你的生活，就如同小姿出現的身體意象扭曲一樣。

幾次的諮商下來，小姿慢慢地願意討論自己與食物還有身體的關係。「我的『隱藏我』讓我好累好累！難道把『隱藏我』打開，我就會變瘦嗎？」小姿漸漸看見自己所努力的一切，都只是為了不讓人看見過去不堪的自己。但在她的腦袋裡，「瘦」仍然是個美好的起點，一個想像中美好的自己。

「其實把『隱藏我』好好收藏起來，也沒什麼不好啊！倒是『未知我』的部分，我們應該試著多聊一些。」看著小姿已經能從不同面向看待自己，我試著讓她對身體意象有更多的意識和覺察。

有時候，我們也不知道自己如何看待自己

「『未知我』，不是沒有人知道那是什麼嗎？怎麼聊？」小姿馬上恢復她精明幹練的態度，對不瞭解的部分追根究柢。

「就像戴著墨鏡照鏡子，你看見的自己雖然熟悉，卻已經變了顏色。」未知我，就像一副你不知道是什麼顏色的眼鏡，讓你看到的世界在不知不覺中加了顏色。如果你能意識到眼鏡的存在，甚至還能知道它是什麼顏色，就有更多機會看見更貼近真實的自我樣貌。

我認為每個人的有色眼鏡，至少參雜了幾項因素的影響，讓我們在看待自己的身材體態時，充滿著各種的色彩。

首先，**童年經驗的影響是最核心的根源**。在我們的成長過程中，父母、老師、同學和其他重要他人，都會左右我們的價值觀、情緒感受與行為表現，同時也會對身體意象的正負向造成影響，而且這影響經常延續一輩子。如同作家波痞在《微胖

生存學》中所提到的童年經驗，對從小就不瘦的人來說，許多自以為沒有惡意的對待，卻會在心中留下延續的無形傷害，讓人覺得自己很胖、很醜、很不應該。

接著，瘦身文化的散播會讓人誤以為瘦就是美好。各種傳播媒體（網路、電視或報章雜誌）老是不斷把纖瘦苗條和成功美麗連結在一起，也在有意無意間把瘦和人緣好、能自律、受歡迎這些正向特質掛鉤，讓人們開始對自己的體態產生不符現實的期待，尤其是女生經常期許自己能變更輕，男生則是開始認真鍛鍊肌肉。

在日本甚至還有所謂的「灰姑娘體重」，用來比喻女性的體型必須像童話公主般纖瘦，暗示只有這個體重的人才夠格穿上專屬的玻璃鞋。

再來是「體重汙名」，也稱為體重偏見或體重歧視。我們經常對於肥胖有著不自覺的刻板印象，例如懶惰、不自律、不負責、膽小或工作能力不佳，甚至肥胖者也對自身有負向的自我認知，跟著討厭和嫌棄自己。但這個現象只會讓人更陷進自暴自棄的減肥循環當中，而無法誠實面對自己所遭遇的真實困境。

最後，**社會經常透過社群媒體影響我們對自己身材的滿意度**。在針對女性的研究裡發現，女生只要遇到比較纖瘦的女性，對自己身體滿意度就會下降，而在接觸到體態圓潤的女性時，滿意度會上升。所以，我不建議大家追蹤「瘦身網美」或「健身網紅」的ＩＧ或臉書，因為一張張瘦削或健美的照片只會讓你更不喜歡自己的身體。

「好吧！那我先把XX的IG退追蹤，改追蹤我媽好了。不過，她的IG都是吃吃喝喝的照片，會不會更糟啊？」小姿臉上露出少見的笑容，肩膀也整個放鬆了下來。

身體中立性的三步驟練習

「除了退追蹤，我們可能還要學習如何重新看見美好的自己。」小姿的體重慢慢上升，對食物和身材的焦慮也緩步下降。我希望幫助她學會更接納自己的身體。

「美好的自己？這也太心靈雞湯了吧！我不喜歡這種東西。」受過醫學訓練的小姿，不太相信看不見、無法被實驗證明的東西。

我已經習慣她的直來直往，於是換個說法：「其實，這叫做身體中立性（body neutrality）的練習，它一共有三個步驟，可以幫助你更接納與尊重自己的身體，這樣聽起來如何？」

「這聽起來比較專業，我可以聽聽看。」小姿開始用比較輕鬆的態度進行諮商，也讓我對她的進步更有信心。

什麼叫做「身體中立性的三步驟練習」呢？

這是我延伸「自我慈愛」（self-compassion）的概念所提出的練習，能提升我們對於身體的接納跟尊重，簡單說明如下：

第一個步驟，「**就是記錄**」。先準備一本空白筆記本，把你每個對於身體或食物的想法或感受記錄下來，不管是正向或負向，就只是記錄下來。累積一、兩週之後，你會發現身體與食物所帶給你的負向記錄遠超出你的預期。

第二個步驟，「**就是這樣**」**的練習**。你未必能夠喜歡自己，但我們都必須試著接納自己。如果我在這邊請你對自己說：「我愛自己的身體。」以此取代對身體與食物的負向觀點，你應該會認為這又是心靈雞湯式的練習，根本做不到。所以延續第一個步驟，我要你先試著用「中性的描述」來調整所記錄下來的負向看法。例如用「我的手臂讓我能夠拿東西」這個中性描述，來取代「我討厭我的肥手臂」。這個練習並不簡單，但只要持續地夠久，你會發現自己對身體和食物變得越來越友善，而不再充滿著否定與攻擊性。

第三個步驟是，「**像朋友般地回應自己**」。你不可能突然喜歡上自己的身體，你還需要一些練習與努力。在這個步驟裡，先請你想像一位你最好的朋友遭遇跟你一樣的困擾，你會如何對他說話呢？再把這些想說的內容寫成給自己的信。通常身體意象的扭曲，會讓人嚴格要求自己與自我批判，並造成生活困擾而不自知。但是當他人面對與我們相同的情境時，我們比較容易感到疼惜與不捨，並給予較多接納和寬容。透過這樣的過程，會讓我們對自己的身體有更多正向感受與尊重。

沒有任何技巧或練習能讓你馬上將負向的身體意象轉變為正向。但是透過練習，我們可以學習用更健康的方式來對待自己和自己的身體。當你越常練習上面三個步驟，就會越接納並善待自己和身體。

「這個練習聽起來不錯，你有建議筆記本要買哪一種嗎？」追求完美的小姿，對每個細節總是斤斤計較，偶爾還會搞錯重點。

「這張紙給你，其實這個練習叫做『就是記錄』，有記錄就可以了。」我笑著遞出手邊的Ａ４白紙。

小姿接過白紙，笑著說：「寫給自己的信，我一定要挑最漂亮的信紙！」

第11課
別再只靠意志力，瘦身才會更省力
——常見的意志力迷思

亞當和夏娃的故事早就告訴過我們，人類原本就是難以對抗誘惑的。

根據《聖經．創世記》的記載，上帝告訴管理伊甸園的亞當和夏娃，園區裡所有果子都可以吃，只有「知善惡樹」上的「禁果」不能碰。如果吃了，他們就會失去永生而衰老死去。

但是夏娃受到撒旦（蛇）的誘惑，不顧上帝的指示吃下了禁果，接著又把禁果分享給亞當。

上帝知道之後，把兩人逐出伊甸園，讓他們的子孫後代都喪失永生，還要面對身體的病痛與死亡。

意志力真的能讓我們成功瘦身嗎？

「為什麼我總是做不到少吃多動呢？我一定是意志力不夠。」

「我怎麼都沒辦法養成運動習慣啊？我就是意志力不堅。」

「我為什麼都只有瘦一下下呢？意志力薄弱的我，註定要胖一輩子了。」

注意到了嗎？只要提起瘦身，人們幾乎都會在第一時間聯想到意志力。似乎只要無法順利瘦身，問題一定出在意志力不足。加上許多名人偶像和報章媒體的推波助瀾；天王藝人超過十年不吃白米飯來維持體態；美女網紅都吃水煮瘦身菜，還有「連吃都不能控制，那你能控制什麼？」這類金句，更會讓人誤以為「唯有意志力，才能真正解決肥胖困擾」。

但你可能不知道，正是這樣的迷思讓你無法順利瘦身。一開始，你可能因為對意志力抱持著美好又天真的想像，以至於過度依賴，而忽略了其他更關鍵的事情。接下來，由於缺乏運用意志力的正確知識與技巧，讓你浪費掉許多珍貴的意志力，接著掉進自我挫敗的無限迴圈當中。最後，你會認定「我就是意志力不堅定」，然後自我放棄，或是在「減肥——復胖」的循環中不斷重複。

你必須先認清，**意志力無法改變「貪吃不想動」的生物本能**。

在《住在大腦裡的肥胖駭客》（*The Hungry Brain*）這本書裡提到，飲食行為並非由大腦裡的理性迴路所主導，而是由直覺和無意識衝動所掌握，它會讓你盡量進食和尋求熱量，並避免身體能量的消耗。

而且根據遺傳學家詹姆斯．尼爾（James Neel）所提出的「節儉基因假說」，人類祖先大多是能夠在饑荒時期儲存更多能量與脂肪，以維持生命延續的族群。這樣的先天設計，原本有助於人類祖先在食物匱乏的原始環境中存活下來，但進到衣食無虞的現代生活中，卻讓我們吃得太多又變胖。

前面所提的現象被稱為「演化配錯」，現在常見的過度飲食與肥胖問題，都被認為與此相關。

面對原始本能，你必須學習如何覺察它的存在，並運用不同技巧來回應。這就跟你在夏天會流汗、冬天寒流會發抖一樣，這些本能反應是無法被克制與壓抑的。在這個時候，你一定知道躲進房子吹冷氣跟趕緊穿上外套才是聰明的做法。

但面對瘦身這件事，卻有更多人選擇用意志力來控制自己。那就像被緊箍咒暫時鎮住的孫悟空，愛吃不動的本能慾望雖然被暫時壓抑，但總會趁唐三藏不在的時候出其不意大鬧你的南天宮（理性），打開你的五臟廟（食慾）。

過度使用意志力反而可能失控

其實在你決定透過意志力來要求自己時，反而讓你更容易被誘惑。鮑梅斯特（Baumeister）就以自我耗損（ego depletion）這個詞來說明：當人們過度使用意志力時，反而會導致意志力衰退，讓慾望更增強。

這是因為意志力本身就是一種有限的身心能量，它會因著你在生活中面對的大小事件而被消耗，即便這些事情彼此間不相關。你克制自己少吃一個甜甜圈、要求自己出門運動、安撫難搞的家人、對抗網路購物的誘惑或是容忍無理同事，所用到的意志力全都來自同樣的能量來源。當你有越多事情需要透過意志力來掌控時，就越容易因為身心能量被消耗殆盡而失控。

過度使用意志力來控制飲食，會讓你因為能量降低而在飲食上失控。早在一九四四年由明尼蘇達大學所進行的「飢餓實驗」中就已經發現，在一段時間的節食行為之後，你更沉迷於尋找食物，尤其是高熱量的食物，甚至會因為節食而出現憂鬱、焦慮及暴怒的情形。某些人還被發現會著迷似地盯著食譜看，並在腦中幻想食物的畫面。因為壓抑慾望讓人消耗身心能量，但在能量不足的狀態下，對食物的渴望會變得更大，同時自控能力也會變弱。

就算你自認意志力超強，也總會有不小心的一天。你是否曾經在「成功」節食一段時間後，因為某個「難以抗拒」的原因（辦公室愛叫手搖飲料外送的同事）而吃下原本不吃的食物或是攝取超標的熱量呢？珍妮特．波利維（Janet Polivy）與彼得．赫曼（Peter Herman）兩位學者曾透過實驗發現，人們以意志力控制飲食，當所攝取熱量超出原本預期或吃下計畫外的食物時，會出現自我放棄的狀態，他們把這種現象暱稱為「管他的效應（what-the-hell effect）」。在這個現象之後，人們常會陷入更深的自責與罪惡感中，而決定放下一切吃更多，最終放棄原本計畫。

總結一下，我在這邊想要澄清關於意志力的三大常見迷思：

一、**意志力能改變一切，是錯誤的**。事實是，意志力無法改變「貪吃不動」的生物本能，你應該學習的是怎麼透過意志力來回應本能。

二、**意志力用之不盡，只要我願意堅持下去，是錯誤的**。事實是，意志力是有限的身心資源，所以你要把意志力用在關鍵行為的養成。

三、**飲食失控就是意志力不足，是錯誤的**。事實是，過度使用意志力，只會使你在飲食行為上更加失控，你需要學會的是如何藉由意志力來自我調控。

如何妥善運用意志力？

如果你誤以為意志力在瘦身過程中並不重要，那你可能誤解我的意思了。意志力就像是化學實驗裡的催化劑一樣，可以加速你的行為改變和習慣養成，但不是行為和習慣的一部分。你必須先確認想要達成的目標行為和習慣為何，再認識意志力在過程中所能提供的協助，最後才能讓自己更有效地（但未必簡單或輕鬆）到達目的地。

我們在前面已經討論過，在瘦身過程中要如何找出目標行為與健康習慣。在這裡我們將瞭解意志力如何運用在改變行為與培養習慣中。

首先，你得認識意志力的三種類型，才能讓意志力為你所用。史丹佛大學的凱莉．麥高尼格（Kelly McGonigal）在《輕鬆駕馭意志力》（*The Willpower Instinct*）中，將意志力分為「我要去做」、「我不去做」和「我真正想做」三種力量，它們分別在不同腦區與時機發揮作用。

這三種力量讓我們有能力停下來，透過自我覺察與調節，有效地控制衝動，做出理性的選擇，幫助自己過得更健康也更快樂。

「真正想要」是意志力的力量所在

只要你在需要運動的時候啟動「要去做」的機制，就能穿上鞋運動去；在面對零食時，記得開啟「不去做」的開關，就可以放下原本要擺進購物籃的洋芋片；當你經過飄來剛出爐麵包香味的攤位時，記得覺察一下「真正想要」的需求，就能讓你買下剛好的份量。

然而，真實世界卻從未如此美好，因為意志力的運作機制和我們想像的不太一樣。想要「遠離痛苦，得到快樂」的身體本能，會讓你在面對運動時，自然地說出「我不要」；當看見食物時，則會大喊著「我想要」；「貪吃不動」的傾向會讓你產生許多拖延行為和慾望衝動。

你的身心能量光用來對抗這些「要」跟「不要」的原始本能，就已經差不多被用光了，更遑論去啟動「我真正想做」的力量。

這是因為在我們的大腦裡，存在「冷」和「熱」兩個不同的運作系統。棉花糖實驗之父沃爾特・米歇爾（Walter Mischel）在《忍耐力》（*The Marshmallow Test: Mastering Self-Control*）裡提到，「熱情感系統」藉由大腦中的邊緣系統，協助我們快速行動，餓了就趕緊覓食，有異性就想要交配，遇到威脅危險就逃跑，這讓人類得以在蠻荒時代生存繁衍下來。另一個「冷認知系統」則是由前額葉皮質層所掌控，幫助我們規劃未來，抑制衝動，而它正是我們的意志力所在之處。

這兩個系統彼此消長，尤其是在面臨誘惑、慾望或壓力時，眼前的快樂會讓你把真正想要的未來暫時丟到腦後，熱系統會讓冷系統無法好好發揮作用。這也是我們總會在甜點飲料面前敗下陣來的原因。

因此，**想要有效運用意志力，你要先重新認識自己的身心狀態**。你必須辨識出需要用到意志力的地方，不然大腦就會自動開啟「熱系統」模式，讓你往自動導航的方向前進。

你可以先試著做到「自我覺察」，而這正是啟動意志力的第一步。所謂的自我覺察就是，你能夠意識到自己正在做的事情以及背後原因，讓你有機會重新做出「真正想要」的選擇。如果少了自我覺察，大腦就只會選擇最簡單的路徑。

回想一下你上次喝飲料的場景，拿起飲料，直接大喝幾口，然後感覺暢快，這就是一種簡單致胖的最快路徑；相反地，如果你可以在拿起飲料的同時，先感受一下飲料的溫度跟身體的飢渴程度，再決定要喝多大口，而在喝下飲料的時候，深入去體驗飲料所帶來的甜度和滋味，你就更有機會開啟不同的行為選項。

將意志力用在「養成新習慣」上

意志力是珍貴的身心能量資源，應該運用在最重要的地方。你無法也不需要一直用意志力控制飲食或運動行為，而是要以「養成新習慣」的觀點來運用意志力。

我在這邊借用物理力學的概念說明意志力如何影響行為改變。這就像你要推動一塊放在桌上的積木前進一樣，必須持續增加力量，直到你施的力足以克服最大靜摩擦力（不想改變），只要積木持續前進（習慣已被建立）之後，你所要耗費的動摩擦力就會維持一定，而且小於原本施加的力量。

需要耗費最多意志力的時間點，就出現在你真正培養出「新習慣（移動）」之前的階段，只要新習慣出現，意志力就不需要再那麼「用力」，甚至還可以不用出力（不過在物理學上還是要持續施力）。

摩擦力就像是你每次所做的選擇。每次做出「要」或「不要」的決定，都會消耗一些意志力。**你必須聚焦在想要養成的新習慣上，持續重複固定的行為或選擇，直到你的目標行為變成習慣，就像施加的力量要大到足以克服靜摩擦力一樣。**如果你沒有堅持到新習慣出現，就會重新回到靜止的狀態，白白浪費掉先前所付出的意志力，更增加了自己的挫折感。當你感覺到意志力下滑，可以試著提醒自己「我真正想做」的目的，這將會再次提升你的意志力。

你還需要在確認完目標行為或新習慣之後，持續地運用意志力來監控自己是否一直在正確的方向上前進。如果方向和方法是對的，接下來只要交給時間和神經可塑性來醞釀，讓習慣在大腦裡發芽茁壯，**只要健康行為變得自動化，你就不需要再透過意志力來自我控制**。

透過適當訓練可以提升意志力

意志力就如同人體的肌肉一般，能透過訓練變得更為強壯，而這些訓練通常都是要你學習如何在行動前先暫停一下，例如改變你的慣用手、調整原本的說話習慣或觀察自己的身體姿勢。

更多研究結果則指出，**藉由健康飲食**、**適度運動**、**充足睡眠與正念練習，更能強化人們的意志力**。攝取低升糖指數的食物，能幫助你維持穩定的意志力；透過運動，能協助你緩解意志力的最大敵人——壓力，並提升大腦的運作效能；品質良好的睡眠，能讓大腦前額葉皮質發揮充足的功能；正念練習可以提升專注力與記憶力，而且能改善面對壓力、衝動控制與自我覺察的能力。

不知道你是否也跟我一樣，發現到一件有趣的事情？那就是上面所提到的四種行為，似乎也是我們經常認為要用意志力才能做到的行為或養成的習慣。

沒錯！當你越常去做你想養成的健康習慣時，就越有意志力去完成你「真正想做」的行為。在許多實驗中也都發現，當你開始在某一方面進行改變時，也能讓意志力提升，進而改善生活裡的其他面向。

只要你願意下定決心，開始某一項健康習慣，你的意志力就會開始提升。因為光是下定決心要改變，就會開始讓你感覺到更有掌握感。

所以，讓我們從找到第一個要養成的健康行為開始吧！

你不是沒有意志力，而是搞錯使用方式

澄清了意志力的三大迷思，將有助於我們避免掉入陷阱，再次失控。認識了意志力的三大概念，能提升我們對於意志力的瞭解，以有效地面對挑戰。

最後我們來談談如何有效地運用意志力吧！

想要有效運用意志力，可以被區分為三個步驟：第一步是你必須先「訂定目標」，第二步則是「監督行為」，最後還要「給予鼓勵」。

一、訂定目標

先選定一件你正在逃避的事情（我要做的任務），或是一個你想戒掉的壞習慣（我不去做的任務），會比較容易成功。

你也可以進階挑戰一個更具意義或價值的長期任務（真正想做的任務），但這將會需要你投入更多資源和時間。

舉例來說，增加運動的時間和頻率就是一件「我要做的任務」，不要買鹽酥雞和珍奶則是「我不去做的任務」，更進階一些的「改善身心健康狀態」，則可以被歸類於「我真正想做的任務」。

你所選定的任務必須具備明確而具體的行為指標，而且是以肯定的方式描述。以瘦身這件事來看，許多研究告訴我們，適當飲食是最重要的關鍵所在，找到一個經證實且具體可行的飲食原則建議，將讓你更有效地達成瘦身目的。

哈佛大學心理學系教授韋格納（Daniel Wegner）所提出的「白熊效應」則告訴我們，只要是你越壓抑的事情，越會浮現在你心裡。所以相較於告訴自己「不要喝珍珠奶茶」，「多多喝水」可能才是更適當的目標；要求自己「少吃一點」，或許「慢慢吃」更容易讓你吃得較少。

二、監督行為

（一）在進行行為前的預備

1. 跟誘惑保持距離

當你想少吃零食，就不要把零食放在你能看到或隨手可得的地方。跟誘惑之間保有一段距離，才能讓你大腦的「冷認知系統」發揮作用。放在眼前的洋芋片和飲料，會激發大腦裡的多巴胺和原始衝動的酬賞系統，讓你難以自控地伸出手，打開嘴。這時由「冷系統（前額葉皮質）」所主導的瘦身或戒甜食等未來獎勵就會暫時關閉。別輕易挑戰你的前額葉皮質功能，只要誘惑隨處可見，你失敗的機會就會大增。先把會產生誘惑的東西收掉或丟掉吧！

2. 提出「事先承諾」

行為經濟學家丹．艾瑞利（Dan Ariely）說過：「把受誘惑的自己當作另一個人，然後預測並控制他。」

如果你會偷吃餅乾，那就不要買餅乾回家或把家裡的餅乾都丟掉；要是你不想運動，可以先繳交高額的健身房會員費，或是事先和同事約好運動的時間。事先看見自己的可能失敗或拖延的地方，再想辦法讓這些事不要發生。

3. 先做好你的「如果……我就……」計畫

預先做好因應計畫，可以減少你運用意志力的機會。「如果A，我就B」將提供你在面對誘惑時有個自動化的過程。練習越多次，面對誘惑越輕鬆。例如「如果同事要訂飲料，就訂無糖茶」，或是「如果吃自助餐，就先吃蛋白質和蔬菜」。

4. 寫封信給未來的自己

我們總是會把輕鬆享樂留給現在的自己，而把重要任務和努力交給未來的自己。但事實上，現在的自己在愉悅之後經常自責不已，未來的自己則是承擔許多快樂之後的沉重後果。

研究發現，人在思考現在與未來的自己時，所使用的是不同腦區，這會讓我們將未來的自己視為「另一個人」，導致你做出更多只想立即滿足的事，因為對大腦而言「這是他家的事啊！我只想要立即滿足」。

在你開始瘦身計畫前，試著寫一封給「未來的自己」的信。試著想像一下那時的自己會做哪些事？會想要對現在的自己說哪些話？會如何看待你在瘦身過程中的努力。心理學家發現，這樣會讓你和未來的自己更親近。

寫封未來信，讓自己更真實地面對「未來的自己」！

5. 找可以一起努力的夥伴

研究發現，肥胖會在家人與朋友之間互相影響。這就跟近朱者赤、近墨者黑一樣，人際之間會有社會認同、觀察學習、彼此模仿與歸屬感的影響。

因此，找到一群能夠支持並接納你，而你又能認同的團體加入，會讓你更有效地邁向成功。

（二）進行行為時

1. 覺察你的慾望與衝動

通常你越想逃避的，越會出現在面前。留意你在何時會出現進食慾望，不要去擺脫或壓抑這種感受，更別急著轉移注意力或希望它消失，就只是讓自己直接面對這股衝動。

觀察一下腦海裡有哪些想法？注意一下身體有什麼感覺？這些衝動和慾望就像海浪一樣，雖然波濤洶湧，但終將過去。想像自己變成一個衝浪客乘浪而行，在進食衝動的海浪上自由前進，而不會被海浪所淹沒。

自我覺察需要時間練習，而且最好從現在就開始。

2. 先給誘惑「十分鐘」的等待期

在瘦身過程中，我們難免遭遇誘惑，這時候先等個十分鐘再吃吧！科學家發現，十分鐘的等待時間，會讓大腦把這個誘惑視為未來獎勵，這時你那原始衝動的酬賞系統會變得較不活躍，讓你更有機會抗拒誘惑。

所以，不是不能吃，而是要「晚一點再吃」。

3. 你在訓練自己「選擇」的能力

意志力本身不會讓你變成更好的人，但能讓你做出最適當的選擇，逐步成為一個你「真正想要成為的人」。只是人類本能會讓我們往及時行樂靠攏，如果你又缺乏對意志力與大腦運作的正確瞭解，就可能重複陷進自責與罪惡感的迴圈裡。

在養成健康習慣的過程裡，你必須提醒自己正在訓練大腦如何辨識選項，小心別掉進自動導航的本能模式。

（三）當發現自己感受到壓力時

1. 適時紓壓

壓力是意志力的最大敵人，適時紓壓會讓你更能持續下去。

建議從事運動、戶外散步、與好友家人相聚、按摩、正念練習或其他具創意性的嗜好（拼圖、插花）等活動，會讓人分泌血清素、催產素等快樂賀爾蒙。避免抽菸喝酒、大吃大喝、玩遊戲、上網或看電視電影等激發多巴胺或有刺激酬賞的紓壓策略。適度地放鬆，會讓意志力發揮更大的效果。

三、給予鼓勵

（一）當你能夠做到的時候

1. 完成本身就是一種鼓勵

當你做到你所想做的行為時，記得告訴自己「我正在做我真正想做的事情」。當你遠離洋芋片的誘惑，選擇吃下更多的蔬菜水果時，就表示了你更能掌握本能衝動，也越向期待中的自己前進。對自己與行為的掌控度，會增加你的愉悅感，並增加下一次進行健康行為的機會。

（二）當你發現自己沒有做到時

1. 小心「錯誤願望症候群（false hope syndrome）」！

或許你該檢視一下自己的期待行為是否合理而具體可行？有時候，不夠實際或過度樂觀的期待只會讓你暫時感覺開心，隨後就會掉進另一個失望陷阱。

發現「管他的效應」的兩位學者在後續研究裡發現，人們經常在極度挫敗後，再次許下「決心改變」的願望，並在下定決心後感覺到放鬆與自信，即便什麼事都還沒發生。但在發現事實並不如想像中順利時，就又會陷入另一次的挫折、失落與自我懷疑之中。直到感覺生活又即將失控，又或者想再藉由「給一次機會」來讓自己感覺好些，就會再次開啟「決心改變」的無限循環。這個循環，就被稱為「錯誤願望症候群」。

也許，你只是誤把「下定決心」的希望感，當作能讓自己感覺好一點的方式。認真思考一下，你真正想要改變的行為是什麼呢？

2. 原諒自己吧！

「原諒自己」能增加我們的責任感，進而提升「我真正想做」的意志力。很多人在出現意料之外或過量的飲食行為之後，都會告訴自己「對自己更嚴格，我才能成功」、「我只要饒了自己，下次一定會再發生」、「我好沒用，連吃都控制不了」、「我就是太放縱，才會搞得一團糟」。好像沒有嚴以律己，就會懶散一輩子一樣。但研究卻發現，罪惡感、自責與自我批判等狀態，與「我要去做」和「我真正想做」的力量下降有關；反而是原諒或寬恕這種自我慈愛的態度，會與較高的動機及自制力相關。

所以，當你暫時沒有做到時，請記得原諒自己！

據說亞當和夏娃所吃下的「知善惡樹」果子，香甜美味世間僅有，吃了以後，還能知道如何辨識善惡，增長知識，進行深度思考，變得更加聰明有智慧。

每種食物都有其存在的意義，只要你知道自己為何而吃，都可以嘗嘗他們的滋味。食物本身沒有好壞之分，但在人類的分類下，似乎有些食物就被歸在「禁果」的類別裡，彷彿吃了之後就會被打入肥胖地獄。

但即便是禁果，它都還是會帶給你一定的價值和意義。這時候，深度地自我覺察「本能慾望」與「真正想要」之間的差距，再做出最適當的行為選擇，相信每個人都能重新找到屬於我們的伊甸園。

第12課

你的怒吃，來自你的心情

——情緒性進食

望著散落滿地的洋芋片空包裝和飲料空瓶，小甯臉上落下啪嗒啪嗒的淚珠，心裡想著：「我又來了，我果然是世界上最失敗的人。」

一直以來，她對任何事都極度敏感而細膩，與人談話時總戰戰兢兢地看著別人臉上的表情，聽著每句對話裡的用詞，擔心被批評或討厭。只要一閒下來，她就急著打開手機看訊息，擔心在臺灣的爸媽是否又在爭吵，或是男友有沒有傳訊來關心自己。

飄洋過海到國外留學已經四年，最近她開始準備畢業考試及繳交期末報告，同時還要決定是否留在國外工作。父母間的感情不融洽，身為獨生女的小甯總是夾在兩人的衝突間，從小就過著著焦慮不安與矛盾衝突的生活。現在，面臨回國與否的決定，更讓她感受到過去那種無力與擔憂，於是開始用大吃大喝來轉移注意力。

在結束每次的暴飲暴食之後，小甯總會充滿深深的自責與罪惡感。她的腦中浮現的盡是父母與男友對自己失望的神情，以及生命中的許多失敗畫面，這都讓她更想透過食物來逃避那些排山倒海而來的負向情緒。

「對不起，我又吃光零食了，我就是沒辦法控制衝動！我就是這麼沒用！」視訊畫面上，小甯一邊用衛生紙擦拭眼淚，一邊描述這段時間以來的挫折與無助。

與小甯進行網路諮商有一段時間了，這是她第一次在鏡頭前落淚。第一次諮商時，小甯就告訴我：「我嘗試過一六八和一一二，最近還在進行生酮飲食，不過很快就復胖了。營養師建議我要先找心理師諮商，不過我應該沒有心理問題吧？我只是易胖體質啦！」敏感的她，習慣用偽裝自信和忽略感受的方式來迴避生活中的許多問題。

「也許，我們該討論一下情緒和飲食對你造成的影響？」看到小甯反覆出現情緒性進食，我已經不只一次提出邀請，希望協助小甯覺察自己所處的狀態，再進一步學習調節情緒。

先前幾次她總是懷疑地說：「情緒？我很好，沒有情緒問題啊！飲食和情緒沒關係吧？我只是想要減肥啊！」

但是這次，小甯給了我不同的回應：「心理師，你可以告訴我什麼叫做情緒性進食嗎？我想我應該要好好談談這個問題了。」

食物與情緒的連結

情緒、想法、行為、身體感受之間，有著密不可分的連結。就像小甯每次只要一想到自己面臨的家庭、學業、未來及人際問題時，就會感到身體緊繃發熱，一股難以言喻的強大力量快要從體內冒出來。為了壓抑或逃避這些情緒，她選擇透過飲食行為來獲得暫時的緩解。

你吃或喝進身體的食物會透過不同方式影響你的心理狀態或情緒感受。例如香濃可口的巧克力能提升愉悅感；適量的酒精會讓人放鬆；香醇的咖啡能振奮精神。

除了食物所含的成分會影響情緒之外，近期也有越來越多證據顯示，我們所吃的食物會透過腸腦軸線（gut–brain axis）的運作，調節心理狀態的好壞，甚至影響精神疾病的出現。南韓首爾大學的研究團隊在《營養生物化學雜誌》（*Journal of Nutritional Biochemistry*）發表的研究提出，每天食用特定濃度及份量的黑巧克力，可以豐富腸道益生菌的多樣性與組成，並藉由腸腦軸線的連結，從生理上改善負向情緒。

情緒狀態也會反過來影響你的飲食行為。我們經常與食物產生某些心理上的連結，尤其是和情緒有關的經驗。

在我們嬰幼兒時期，餓了就哭是種基本生理反應，爸媽通常會在此時送上奶水或食物安撫我們的飢餓與不安。我們也是藉此第一次學到，在感受到壓力與焦慮的同時，進食或許是個舒緩負向情緒的好方法。

記得我小時候很愛哭，每次只要一哭，媽媽就會溫柔地告訴我：「你乖乖喔！媽媽帶你去買多多，好不好？」年幼的我只要聽到有多多可以喝，馬上就會破涕為笑地說「好」。

你也有這樣的經驗嗎？這樣其實可能會讓某些人在長大之後，把安撫情緒與食物連結在一起。

孤獨感、憂鬱、焦慮、憤怒、羞愧與無聊等六種情緒，經常與過度飲食行為同時出現。就如同小甯在國外唸書時，隻身在外的孤獨感、擔心課業與未來的焦慮、暴食後的羞愧感，都讓她頻繁出現過度進食的情形。如果你也突然出現這樣的情況，建議你觀察一下是否經常處於上面提到的情緒狀態中。

正向情緒也會影響飲食行為。就像在慶生餐會或逢年過節時，人們會藉由食物分享喜悅和快樂等情緒，透過一同享用食物，我們也建立起與他人的連結。

個人專屬的療癒食物

你有自己懷念的「小時候的滋味」嗎？你在面臨壓力或瘦身過程中，會特別想吃某些食物嗎？你會有在不同天氣想吃特定食物的經驗嗎？如果你的答案是肯定的話，你應該有專屬於自己的「療癒食物（comfort food）」喔。

療癒食物泛指那些吃了讓人感覺撫慰或幸福的食物，通常是甜食或童年時期吃過的食物。

阿拉巴馬大學醫學院的茱莉．洛歇（Julie Locher）教授，在統整了兩百六十四名大學生對療癒食物如何改變或緩解情緒狀態與負向感受之後，將療癒食物分成四類：懷舊食物、放縱食物、方便食物與物理性食物。

懷舊食物會讓你回想起過去，特別是在童年時期的回憶。就像我到現在都還記得奶奶曾經在戲院前買給我吃的烤魷魚，那焦香的味道和堅韌的咬勁，就算已經過了三十多年，到現在我都難以忘懷。你應該也有這種小時候的食物回憶吧？這是因為食物氣味會快速觸發大腦連結記憶的區域，讓我們瞬間想起塵封已久的往事，勾起曾經感受過的情緒。

放縱食物常是油炸或甜點蛋糕這類高脂高糖食物，撲鼻香味加上豐富滋味，總讓人難以抗拒。和許多人一樣，我在面對生活困境或工作壓力時，老是想點份鹹酥雞加珍奶或速食店的三號餐，慰勞一下辛苦的自己。高熱量的美味食物會激發大腦中的酬賞迴路，讓我們在感受食物所帶來愉悅感之外，也能獲得放縱後的快感。雖然隨之而來的，常常是愉悅和快感之後的懊悔。

方便食物就是那種隨手可得，吃完能讓心情好轉的食物。就像在很多辦公室會出現的零食吧台，隨時擺滿巧克力和包裝鮮豔的餅乾，當你感覺壓力沉重或心情不好時，伸手可得，總是能提供你最低成本且快速的情緒滿足和自我照顧。

物理性食物則是那些會透過物理特質帶給你直接身體感受的食物。像是一碗八寶刨冰能在炎熱的夏天讓你通體舒暢，但在寒冷的冬天則會讓你凍到心底；又或者想像在低溫冬夜來碗熱熱的雞湯，身心會感受到的溫暖與撫慰。有時候，物理性食物帶來的感受既直接且身心兼具。

整體來看，食物對人類而言，不僅能提供營養熱量的生理需求，更能滿足心理層面的需要及渴求。下次在把食物放進嘴巴之前，也可以試著感受和覺察一下：這個準備吃進身體的東西是否同時滿足你的身心需求？又或者只是一種自動化行為？

就像是下面將要提到的「情緒性進食」。

了解「情緒性進食」

情緒性進食指的是人們利用食物來調適負向情緒的行為。但是大吃大喝之後所帶來的愉悅感，往往不如預期，因此情緒性進食並無法解決情緒的問題，甚至會讓人感覺更糟，常引發更多的自責與罪惡感。

情緒性進食的要素是，進食之前或之後會出現負向的情緒感受。除此之外它還有六大特徵：

一、**腦袋的餓**：沒有明顯肚子餓（生理飢餓）的感覺，單純就是一種「想要吃」的衝動和慾望。

二、**突然出現**：生理飢餓會漸進而緩慢地出現，但情緒性進食的慾望通常都是爆發出來的。

三、**無法等待**：生理飢餓大多可以忍耐或等待；而情緒性進食的突發性慾望常讓人無法等待，甚至為了食物而出現焦躁或憤怒。

四、特定食物：生理飢餓對於食物未必會有特定偏好；情緒性進食大多只對高脂高糖等高熱量食物感興趣。

五、難以停止：進食過程中常出現失控感，或是想停止卻做不到的感受。

六、分心進食：吃東西時很難好好專心在食物上，會同時進行其他事情。

這六個特徵未必會同時出現，但只要你在進食過程中出現得越多，越要注意自己的進食行為是否受到情緒性因素的影響。

情緒性進食的成因，大多與無法有效調節情緒有關。大吃大喝或者各種飲食問題常被當成用來嘗試改變或控制負向情緒的行為。當你感受到難以承受的情緒，甚至無法辨識所出現的情緒為何時，就有可能透過食物來轉移注意力，藉此迴避或壓抑這些未能被妥善因應的情緒感受。

「吃東西能讓我暫時感覺到自己的存在。」我曾經在諮商室裡聽過一個高中女生這麼說。

這些感受可能源自於各種不同的情境或經驗，在人際關係上的挫敗、對體型體重的焦慮、控制飲食所引起的限制感、因為飲食或體型所帶來的羞愧，又或者是生活缺乏成就感。

我們必須面對的，其實並不是情緒性進食，而是誘發出進食行為背後的負向情緒狀態。情緒性進食是一種透過飲食來逃避情緒或自我麻痺的方法，就像有些人會抽菸、有些人會玩網路遊戲一樣，處理的關鍵並不在飲食行為，而是學習如何覺察與安頓各種情緒。

接納情緒性進食的策略

雖然情緒性進食常與飲食障礙症一同出現，但它並不是一種飲食障礙。透過進食來緩和情緒是滿常見的自我調適方式，不需要把它視為洪水猛獸。其實它也可以成為一種自我安撫及關照的健康紓壓管道，只要能夠有意識地覺察到情緒因素的影響，並刻意掌握飲食過程，你根本不需要感覺到自責與挫折。但是，它不應該變成你「唯一」的因應策略。

在此提供兩種調適「情緒性進食」的方法，讓你能更有效面對自己的情緒：

一、進食行為ＡＢＣ

認知行為心理學中有個「ＡＢＣ模式」，透過持續記錄與覺察自己在飲食過程中的ABC，將有助於我們覺察到自己為何進食，並意識到進食行為是如何被認知、情緒與情境影響。

A是所發生的事件或情境（人事時地物），B是你的認知和想法，C是你感受到的情緒與採取的行為。

請你在每次飲食之後，試著觀察並填寫整個進食過程中所出現的ABC。持續記錄至少一週，你會慢慢看見自己重複出現在飲食過程中的模式。

記錄範例：

A：星期六下午，和男朋友吵完架，經過夜市。

B：男朋友根本不在乎我、我不值得被愛、好久沒有喝手搖杯了……

C：感受的情緒是失落、挫折、羞恥；採取的行為是喝全糖飲料；結果是喝完飲料，肚子很脹。

二、STOP飲食調節法

當你持續記錄一週的「進食行為ABC」之後，你會慢慢觀察到自己在進食行為中的想法與情緒。當你能意識到這些先前都是自動化的歷程，我們就能開始進行

STOP飲食調節法。

它包含了四個步驟，剛好就是用STOP四個字母開頭：

S（Stop）：先暫停你的動作。請你在看到食物或把食物放進嘴巴之前，先停下所有動作，讓原本的自動化行為有機會被重新選擇與調整。

T（Take a breath）：吸一口氣。把注意力從食物轉移到你的呼吸，緩慢而深沉地吸氣，感受鼻腔的溫度，體驗身體的起伏。讓進食的強烈衝動有機會被放慢與重新感受。

O（Observed）：觀察內在的感受與外在的環境。覺察一下自己的進食慾望從何而來？是因為感覺焦慮，還是聞到雞排的香味？又或者是口渴的感覺？幫助自己放慢情緒性進食的歷程，增加做出不同選擇的機會。

P（Proceed）：最終做出適合當下需求的決定。也許你發現自己想喝飲料是因為剛剛被主管指責，心情煩悶，想來點甜飲安慰自己，那麼你可以從原本要喝的全糖飲料調整成半糖。又或者你可以先喝點水，也可以出門走走，讓情緒有機會平復。總之，除了吃東西和喝飲料，我們其實還有很多選擇。

第13課

我吃的不是雞排，是壓力！

——壓力型進食

身為下有妻小、上有父母的三明治世代，三十多歲的阿勇把大部分時間和精力花在工作上，以提供一家老小所需的生活開銷。

已經工作多年的他，因為積極又負責的態度，總是被賦予許多重要任務。加上他的工作表現一直在公司名列前茅，前陣子又被老闆派任為業務主管，接下許多國際大客戶的訂單及後續服務。獲得拔擢的阿勇每天搭著高鐵南來北往，在車廂裡，他幾乎無時無刻都在接電話和打電話，要處理的業務簡報跟客訴問題總讓他焦頭爛額，三餐不正常與睡眠不足只是生活中的日常。

結束一週的忙碌之後，阿勇來到了諮商室與我進行會談。

略嫌疲累的神情，加上歷經高壓工作的身體，眼前的阿勇有氣無力地說：「心理師，我快不行了！下個月我有三個案子要處理，菜鳥新人還什麼都不會。上禮拜到醫院回診，醫生說我的血壓、血脂和血糖都太高！最近還開始胃食道逆流，怎麼辦啊？」

「有試過『吉〇福〇錠』嗎？廣告美女說效果不錯喔！」我開玩笑地說。

「哈哈哈！心理師真愛說笑！不過最近真的是很常喝咖啡和吃甜食，而且整天都會很想吃東西。連我老婆最近都說我是神豬附身，我自己也覺得最近的食量大得誇張。」

「也許你出現的是壓力型進食的問題，你的壓力真的太大了，可能要好好重新安排生活了。」我對著已經諮商近半年的阿勇說。

「三高加胃食道逆流就算了，今天還多一個壓力型進食！等一下回去，我一定要再買一份燒烤炸雞排來壓壓驚。」阿勇幽默地回應。「不過我並不覺得我有壓力啊？只是覺得很累很想吃東西而已。」

阿勇樂觀積極的個性，讓他在業務工作上如魚得水，總能獲得長官和客戶的信賴，但來者不拒的工作和生活態度，則讓他長期處在高壓狀態下而不自知。在最近幾次的諮商，阿勇就經常重複提到失眠、焦慮與過度進食等在壓力狀態下常見的身心反應，但生活忙碌的他，總是以「還好吧！」、「這樣有很嚴重嗎？」、「這個案子忙完應該就沒有壓力了！」來回應。

「其實你最近出現的一些身心反應，就是身體在提醒你快被壓力壓垮啦！看來我們可以好好來整理一下你生活裡的壓力了。」

不只是阿勇，許多在生活中面臨沉重壓力的人，經常對於身心的壓力反應缺乏自我覺察的能力。

在之後的幾次諮商，我陪著阿勇一起探索對於家庭工作的責任和付出，學習如何安頓身心，並嘗試安排適當的自我照顧與家庭相處時間。慢慢地，阿勇不再時時刻刻想著食物，先前的一些身心症狀也隨之緩解。

「心理師，我越來越知道什麼叫做壓力反應，也越來越曉得除了吃東西以外，還有其他紓壓的方法。」阿勇臉上帶著輕鬆的微笑。

「那真是太棒了！我們待會就來點雞排和珍奶慶祝一下！」我也開心地回應。

因壓力引起過量飲食行為

內外在的壓力源會對大腦造成不同程度的影響，並帶來各自不同的壓力反應，也經常連帶造成飲食行為的改變。但是受到個人身心特質與壓力源類型的不同影響，有些人會出現過度進食，也有人會食慾不振。

為了協助大家辨識與瞭解「壓力型進食」，以下將介紹因為壓力而引起的過量飲食行為及因應策略。

很多人會用吃東西來紓壓，而且吃的大多是高油、高鹽、高糖的「不健康食品」，就和透過喝酒或吸毒來釋放壓力一樣，不過因為這些不健康食品看起來相對無害，很容易讓人輕忽。生活在快速高壓的現代社會中，我們常會藉由容易成癮的事物，來找到片刻放鬆的機會，這源自於大腦希望能快速簡單地獲得立即滿足的基本設定。

美國心理學會（APA）調查發現，體重增加的成年人中，大約有四分之一與壓力大小相關。通常短期的急性壓力，例如上臺簡報、趕搭捷運或塞車，都會抑制人們的食慾，此時身體分泌的腎上腺素會觸發身體的戰鬥與逃跑（fight and flight）的反應，讓人可以應付這些突發的壓力情境，但這同時也會讓食慾下降。

如果壓力持續存在，甚至轉變為慢性壓力（例如業績要求、伴侶矛盾或親子衝突）時，情勢就會出現逆轉了。長期慢性的壓力反應會讓皮質醇（又稱壓力賀爾蒙）持續分泌，而皮質醇則會讓食慾增加，提升你進食的慾望。

不過，也不是每一種壓力源都會造成「壓力型進食」。不同類型的壓力會觸發不同的腦部運作，其中與「心理社會性」相關的壓力源更容易引起過度進食的行為。與身體受傷流血或生病這種「生理性」壓力源不同，所謂的「心理社會性」壓力源指的是工作績效、人際困擾、繳不出房貸或對退休生活感到擔憂等這種較抽象的生活壓力或潛在威脅。

由神經科學家馬克．威爾森（Mark Wilson）所進行的「恆河猴實驗」發現，面臨類似於人類的「心理社會性壓力源」時，在只有健康食物的狀況下，猴子會減少進食量；如果有健康食物及垃圾食物可以挑選時，壓力會讓猴子出現大量攝取垃圾食物的情形。這實驗告訴我們，心理社會性壓力源再加上高油鹽糖的垃圾食物，容易導致過量進食。

可怕的是，現代人面臨的壓力源大多是源自於心理社會因素，而且又生活在充滿垃圾食物誘惑的環境裡，因此壓力型進食變得那麼常見。

慢性壓力尤其容易造成過度飲食的出現。生理性或短期的壓力源，常會讓食慾暫時下降，造成食量減少；但持續出現或無法被妥善解決的慢性壓力源，例如伴侶關係欠佳、財務困擾、親人死亡或遭遇霸凌，會使得身心反應的時間拉長，進而影響自律神經系統運作與壓力賀爾蒙分泌，造成飲食衝動增加，同時提升腹部脂肪堆積的風險，並帶來後續的肥胖問題。

緩解壓力型進食的好方法

方法一：正念練習

正念是一種提升專注與覺察的訓練。研究顯示，持續練習正念能有效地降低人體對於壓力的過度反應，同時能提升注意力與創造力，有助於降低生活壓力。

你可以透過下列步驟開始你的正念練習：

一、抽出一段時間，找個安靜空間。時間從五分鐘到三十分鐘都可以，建議選擇不會被打擾的時段進行，但如果真的抽不出空檔，利用等車或通勤的幾分鐘時間也是可以的。

二、以舒服又輕鬆的姿勢坐著，留意臀部與椅子接觸的感覺和身體姿勢。

三、閉上眼睛或微閉眼睛，減少外界的視覺干擾。

四、把注意力放在你的「呼吸」上。注意鼻腔內的氣息流動，關注呼吸時的腹部起伏，維持自然的呼吸節奏，不須刻意控制。輕鬆而專注地觀察自己的呼吸，試著清楚地覺察氣息進出時的感受。

五、維持耐心，試著不批判。過程中，你會發現心底冒出許多念頭、感覺或批判，這是正常反應，你只需要溫柔而耐心地再把注意力帶回呼吸就好了。

六、單純地覺察與體驗呼吸就對了。正念並不會讓你發生神奇的變化，更不要期待練習完之後，心裡會變得多平靜或心如止水，你只要持續練習並學習接納自己當下的狀態即可。

方法二：適時地回顧與整理壓力源

有時候，壓力會令人害怕，是來自於壓力源所帶來的失控感。現代人的生活節奏快速，常常堆積了許多的生活事件，從簡單的信用卡帳單、大樓管理費，到複雜難解的伴侶衝突、親子教養。如果缺乏適時地回顧和整理，經常會讓人產生一種「生活一團糟」的感覺。

這時候，如果你可以定期把心中所掛念的大小事用便利貼寫下來，並進行分類，將有助於你對壓力源產生掌握感，進而緩解對於壓力的不安。

建議你能藉由下面的流程，嘗試彙整生活中的壓力源：

一、安排獨處時間，找面空白牆壁，再準備一本全新的便利貼。在一個不會被干擾的時間裡，試著把心底所有感到不安、焦慮或壓力的念頭、事件或人名寫在便利貼上。每張便利貼就只能用五個字以內寫下一件事，寫完之後把它貼在牆上。

二、試著把所有腦海裡的東西都寫到便利貼上。寫的過程不用太詳細，也不用管有沒有道理，只要你自己看得懂就好，直到你已經沒東西可以繼續寫為止。

三、進行分類。把所有貼在牆上的便利貼分為「可以解決」和「無法解決」兩大類。

四、為「可以解決」的壓力源思考解決策略。如果便利貼上的壓力源是可以被解決的，試著把這些壓力源找出來，並妥善地因應與處理。你可以試著問自己：「那我應該如何解決它呢？我需要哪些資源或協助呢？」

五、幫「無法解決」的壓力源適時紓壓。要是你發現有些壓力源是目前暫時無法被處理或面對的，請記得提醒自己：「我要如何好好照顧自己呢？」

第14課 吃，是保護自己的方式——創傷經驗所誘發的進食

讀完前兩課內容之後，你可能會發現自己既有「情緒性進食」，也有「壓力型進食」，然後發出哀號：「哎呀！那我不是沒救了嗎？」

這是很正常的現象，因為在我們每次的飲食過程中，都受到各種內外在因素不同程度的影響，即便吃的是相同食物，但每次的進食原因、感受體驗與滿足程度都各有差異。在這邊所提出的分類，其實是希望能讓你對進食行為更有覺察，探索進食行為背後的生心理需求，進而學習如何透過適當選擇來滿足身心。

這只是起點，因為飲食行為背後的複雜成因需要你更細心、更有耐心地觀察才能發掘。在大部分的情況下，我們的飲食習慣源自於童年經歷，就算已經成為大人，可能仍有許多小時候的經驗影響著現在的你，就像阿珍一樣。

從小影響到大的創傷經驗

身為糖尿病患者的阿珍，在醫師的建議下前來接受諮商。她從小學就開始出現過度進食的情形，而在大學畢業之後接連出現恐慌發作與強迫行為。

第一次與阿珍見面，真的很難不注意到她那巨大身軀與憂愁神情，略顯雜亂的頭髮加上隨意穿著，還有許多身心病痛，讓人不禁好奇她到底經歷過什麼樣的磨難摧殘。

幾次的諮商之後，我才知道阿珍有段辛苦且讓人不捨的童年。嗜賭且有家暴傾向的父親總讓她驚恐不已；患有憂鬱症的母親既無法保護阿珍，也未能提供足夠的食物和生活照顧，常讓她餓著肚子，穿著邋遢。

後來父母離異，她被送到南部讓祖父母照顧，但日子也沒有從此幸福快樂。自己的生命也充滿挫折的祖母老是對阿珍說：「你就是沒人要才會回來這裡！」「你還敢吃，就跟豬一樣！」「你那麼胖，跟你媽一樣，看了就討厭！」而成天喝酒的祖父常常在酒後對阿珍上下其手。

日日生活在貶損話語和負面環境下的阿珍，最喜歡學校的營養午餐時間，只有將餐盤上裝滿滿的食物吃光，感受到胃被塞滿，她才覺得自己擁有幸福的時刻。進入高中，阿珍開始工讀賺錢，每次在學校下課或打工下班之後，她就會透過超乎常人份量的食物和飲料感受這種專屬的滿足與幸福，雖然日漸肥胖的身形總引人側目，她也只能裝作不在乎。

就是這樣從負向情緒到食物滿足的循環，讓阿珍慢慢出現各種身體與心理的不適和疾病。

創傷經驗與進食行為

阿珍小時候所經歷的，就是童年逆境經驗（Childhood Adversity Experience，簡稱ACE）。許多研究都已經證實ACE會影響心血管系統、免疫系統，內分泌系統與神經系統，並大幅提升罹患心血管疾病、中風與心理疾病的風險，而阿珍所出現的過度進食、肥胖和糖尿病，也被認為與ACE有很高的關聯性。

在童年時期經歷越多的ACE，出現肥胖的機率就會越高。ACE與肥胖之間的連結，最早是由一位開設肥胖門診的文斯．費利帝（Vincent Felitti）醫師所發現。他們其實是在無意間得知許多病態肥胖患者曾遭受過童年性侵，進一步研究之後，居然發現童年時期的虐待、忽視、家庭功能不良等因素，跟許多身心健康問題與高風險行為有關。

不只是童年的創傷經驗會導致肥胖機率增加。在美國的調查中發現，罹患創傷後壓力症（Posttraumatic Stress Disorder，簡稱PTSD）的退伍軍人出現糖尿病的風險顯著提升，專家認為這與創傷經驗所引起的肥胖有關。

其實，各個時期的心理創傷都可以被視為啟動大腦壓力反應系統的來源，透過活化身體的生理機制，幫助我們逃離危險或因應挑戰。在大多數的壓力狀態之下，壓力反應系統大多能有效地運作，讓我們維持正常的生活。

而在強烈的創傷經驗之下，則會為大腦系統帶來深遠影響，飲食行為會跟著出現變化，也就顯得理所當然。這些創傷經驗對人們而言，就是一種長期慢性壓力，它會造成自律神經系統與內分泌系統持續過度激發，影響飲食行為。學者研究也發現，長期處於慢性壓力再加上易取得的高脂、高糖食物，將帶來過度進食的結果。

在遭受創傷後，有些人會出現「述情障礙」，就是在辨識身體感受與表達情緒上出現困難。這可能會讓你看起來很憤怒，卻認為自己沒有生氣，又或者呈現出害怕焦慮的表情，但覺得自己一切安好。由於在辨認身體感受上出現障礙，就無法透過適當的自我照顧方式滿足需求，過度的飢餓或飽食變成常態，最後可能引起飲食障礙症的出現。

在創傷之後，肥胖有時會帶給人們一種矛盾的安全感。美國知名作家羅珊・蓋伊（Roxane Gay）就曾在她的自傳作品《飢餓》（*Hunger: A Memoir of (My) Body*）中，提及她那一九〇公分高、體重曾達兩百六十公斤重的身體是如何成為她的堡壘，同時也變成她不自由的牢籠。在她受到性侵之後，她告訴自己：「我想變胖、變得巨大，我想讓男人對我視而不見，想變得安全。」

調適由創傷經驗所帶來的進食問題

我常常說，童年逆境經驗所帶來的進食困擾，就像是「壓力型進食」再加上「情緒性進食」後的進化版。

小時候的阿珍，生活在不安全且變動的環境之中，長期的慢性壓力反應，可能導致她常常出現份量大且熱量高的飲食模式；而缺乏足夠的自我覺察與感受調適能力，則會讓她經常透過食物來舒緩情緒，並在事後出現罪惡感與自責感。

也因此，想要妥善因應創傷經驗所誘發的進食衝動，需要我們更多對自己的觀察、理解與接納，再藉由兩個調適策略，將有助於我們重新找回跟食物之間的健康連結。

策略一：自我照顧工具箱

當你發現自己跟阿珍一樣，也經歷過許多的童年逆境經驗，也許你會找到自己出現暴食、過度進食或肥胖的可能原因。這時候，你應該學習如何建立起專屬的「自我照顧工具箱」，讓過度激發的壓力反應系統能獲得安撫，重新找回安定與平靜的自己。這個工具箱應該包含五個面向：

一、**營養飲食：**盡量攝取原型態食物，減少過度加工或過多添加物的食物。讓身體有機會感受充足營養所帶來的能量感，並覺察高脂、高糖食物帶來的負向影響，減少「負向情緒——食物滿足」的循環。必要時，建議能尋求營養師的協助。

二、**適度運動：**安排固定的運動時間，內容可包含有氧、無氧與瑜伽三種運動類型。透過與身體的連結，將有助於提升你對於自身感受與情緒的覺察，並緩和壓力反應。必要時，建議能尋求專業教練的指導。

三、**充足睡眠：**品質良好且時間充足的睡眠，將有益於提升自律神經系統和內分泌系統的穩定度，降低身體對於壓力的過度敏感與反應，增加免疫系統的運作效率。必要時，建議能尋求醫師或心理師的協助。

四、**正念練習：**持續而穩定的正念練習，會讓你的自我覺察能力上升。藉由覺察身心，我們可以學習接觸身體感受與視角觀點，並嘗試啟動除了自動化反應或衝動進食之外的新選擇。必要時，建議能尋求經專業訓練的正念教師協助。

五、正向關係：正向且支持的人際關係，有助於創傷經驗後的復原。這可能包含你的家人、朋友、老師、志工組織或宗教團體，甚至是與心理師的關係，都能幫助你重新獲得在人際連結中的安定感。

策略二：尋求心理健康協助

也許，你會希望藉由自己的力量來處理創傷經驗所帶來的身心困擾，但這就像是想要看書學游泳一樣困難。你需要一個受過訓練、具備實務經驗的心理健康專業人員，陪你走過漫長的修復之路，並保護你在過程中避免遭受二次傷害。

在臺灣，能幫助你的心理健康專業人員包含身心科醫師、心理師與社工師。除了基本的專業證照之外，你還要留意對方有無受過與創傷議題相關的專業訓練。

而更重要的是，你能否感受到對方對你的理解與接納，而不是把你看成一張創傷症狀的檢核表。童年創傷的復原，需要重新感受到對他人的安全與信任，而一個願意瞭解你，並陪著你探索內在需求的專業人員，正是這趟旅程的最佳嚮導。

當汽車儀錶板上的警示燈亮起，你是會把警示燈按掉繼續開車？還是會停下車來，檢查一下哪裡出問題了呢？

我想你應該是跟我一樣，會選擇停車檢查吧！

不管是「情緒性進食」、「壓力型進食」或「創傷經驗所誘發的進食」，都是一種身心困擾所發出的警示燈。透過前述的介紹，你應該開始對於進食行為所隱含的身心連結，有了初步的認識。下次如果再出現難以控制的進食困擾時，或許你該先做的是，放下手上的食物，再問問自己：「這個警示燈在告訴我什麼呢？」

第15課

就是忍不住想吃

——食物成癮背後的需求與渴求

「心理師，我一定是食物成癮了，不然怎麼會整天都在找吃的呢？」

小采是位體育保送的大學生。在升上大學之後，體重增加了將近三十公斤，後來跟男友分手。我實在很難想像眼前這個體型肥胖、精神萎靡，甚至略顯老態的大學生，曾經是位體型纖瘦、身手靈活的體操選手。

外貌與體態出眾的小采，從小在體操項目頻頻得獎。但體操對體型與技術都有極高的要求，這讓愛吃美食的她，花了好多力氣在控制飲食與管理體重上。

小采擦掉眼淚，慢慢抬起頭說：「心理師，你覺得一次吃五碗泡麵，一天喝三杯奶茶，到超市就要買一堆零食回宿舍，還隨時隨地在找東西吃，這樣正常嗎？」

當初剛搬進宿舍的小采在環境的影響下，開始放鬆對飲食控制的堅持，跟著同學啃雞排，喝珍奶，上吃到飽餐廳。本來就愛美食的小采像掉進砂糖罐的螞蟻一樣，從偶爾跟朋友一起吃，慢慢變成自己買來吃，進展到現在隨時隨地都想吃。

本來，小采還會用運動或下一餐少吃一點安撫心裡的罪惡感，但是隨著進食的份量和頻率不斷增加，她甚至會用催吐或吃瀉藥的方式避免體重上升。但是這一切似乎都沒有用，因為每次進食結束後的自責和羞愧，讓小采更想透過進食來紓解心中的負向情緒。

「每次吃完，我就感覺好丟臉！我連吃都控制不住，還能夠幹嘛？我不敢去練習，我不敢見教練！真的太丟臉，太丟臉了！」透過眼淚和嘶吼，小采把這段時間以來的無力跟自責都釋放出來。

你也食物成癮了嗎？

「食物成癮」目前並不是一種被學術界共同認定的疾病，甚至連定義都還不太明確。然而，隨著肥胖問題及飲食障礙患者日漸增加，這卻逐漸成為各界關注的焦點，甚至變成一種流行名詞。我也越來越常在診間聽到個案告訴我：「我有食物成癮的問題！」

賽隆・蘭多夫（Theron Randolph）在一九五六年，首先提出「食物成癮（food addiction）」的概念。當時他發現人們會對某些食物產生與其他物質成癮類似的症狀，就如同對毒品或酒精成癮一樣。「食物成癮者」的進食行為和一般人在逢年過節時的大放縱不同，他們在平日就會出現「強迫性」的進食，甚至因此帶來情緒及生活上的困擾。

「成癮」一直很難被明確定義，有時甚至會帶來誤解，在美國精神醫學學會出版的《精神疾病診斷與統計手冊第五版》（*DSM-5*）中，也建議避免使用這個詞，以免造成汙名化或標籤化。但是為了讓大家比較容易理解，我在這裡還是先使用「食物成癮」當作說明的主要名詞。

要戒除海洛因、安非他命或酒精等物質所引起的成癮，對大家來說應該比較容易被理解，所謂「把毒品戒掉」，就是不要再食用或吸食這些物質。但「食物」每天都要吃，不吃就活不下去，難不成要把食物也戒掉嗎？

其實，不是每種食物都會讓人出現成癮現象。在神經科學的研究中發現，「極度可口的食物（highly palatable food）」最容易誘發成癮傾向，它會刺激大腦中的酬賞迴路（reward pathway）產生強烈的興奮，而使人不斷渴望獲得它們，進而產生近乎強迫性的成癮現象。

「極度可口的食物」大多是由「糖、鹽、脂肪、碳水化合物（醣類）以及鮮味」等要素組合而成。在食品工業的蓬勃發展與資金挹注之下，科學家們透過各種味覺與嗅覺的排列組合和人工添加物製造出許多「科學怪人食物」，讓人們深陷於進食的渴望中，甚至讓飲食行為失控，進而影響正常生活。

至於現在經常被提起的「糖癮」也有待更多證據來證實其存在。雖然「糖癮」目前也還沒被明確定義為一種疾病，但的確可以觀察到，攝取含糖食物或飲料會在大腦裡啟動酬賞迴路，在少部分人身上也發現「不喝不行」、「越喝越甜」、「沒喝飲料就很煩躁」等成癮徵兆。

跟一般常見的「物質成癮」會明顯地影響生活、讓人提高警覺不同，我把這種糖所誘發的生心理反應稱之為「類成癮」。當你想喝含糖飲料時，會刺激大腦分泌多巴胺，喝下糖飲則會讓多巴胺大量分泌、血清素上升，一旦喝完飲料，多巴胺和血清素又會快速下降，讓人產生想再喝的渴望，進而陷入類似成癮的大腦迴路循環，難以戒除。

雖然「食物成癮」是否算是真實存在的疾病仍有許多爭議，但隨著相關研究的進展，我們可以從中窺探到它的大致樣貌。

是飲食障礙還是進食成癮？

那我們該如何理解小采失控的進食行為呢？

或許可以試著從兩個角度來思考：一個可能是罹患飲食障礙症中的暴食症（Bulimia Nervosa），另一個則是進食成癮（Eating Addiction）的傾向。兩者有許多重疊之處，但彼此間仍有些微差異。

暴食症會反覆而間歇地出現；進食成癮則是持續而慢性地過度進食。暴食症較常出現對食物或體型的認知扭曲；但進食成癮則是受到較多生理因素影響。

暴食症會出現過度進食的情形，並影響身心健康。患者會重複出現嗜食行為，其中包含了不餓也吃、進食速度快、難以停止進食、不敢與他人一起進食，以及吃完之後的負向情緒等症狀。但因為它的診斷標準中，也會出現與成癮類似的失控傾向，因此有專家認為，或許他們出現的就是一種成癮的症狀。「成癮」與否，可以從是否出現下列四個指標來做初步判斷：**不用不行（強迫性）**、**越用越多（耐受性）**、**不用會痛苦（戒斷性）**，**以及影響正常生活（傷害性）**。

從小采的故事裡，我們可以發現她確實符合了這四大指標，但是她「食物成癮」了嗎？

近幾年，部分成癮專家就提出所謂「進食成癮」的觀點。認為將食物這種人類生存所需的物質納入成癮物質，可能出現過度病理化的疑慮，因此提倡將研究重點放在進食這個「行為」的成癮傾向，而非對食物這個物質成癮。

雖然明確定義目前仍待學者專家的後續研究與討論，但以成癮觀點來看待過度進食的行為，或許可以協助到部分受到過度進食行為所困擾的民眾。

如果是「成癮」，該如何協助自己？

洪培芸心理師在《心理防衛》裡提到，成癮是一種心理防衛的外顯行為。在面對負向的情緒或內在感受時，人們就會啟動各種心理防衛機制來保護自己，其中不健康的心理防衛機制，就有可能被轉化為外顯可見的「成癮行為」。

以成癮觀點來看過度進食這件事，你會發現進食底下的心理防衛，與營養熱量、運動增肌和體重體態這些生理面向的討論觀點不同；如果進食變成一種癮，我們需要更深入地覺察被藏在進食行為底下的心理防衛。

你藏起來的，是幼時沒被好好照顧的傷、童年時期受到忽略的痛、青少年階段所遭遇的苦，還是現在生活裡難以處理的苦呢？當吃變成一種癮，它就不只是吃與不吃的差異，而是一種對內心或生命痛苦的逃避。

過度進食是現代人常見的問題，雖然未必每個過度進食的人都會出現體重過重或肥胖問題，但長期的過度進食會影響身體代謝與心理健康，並且可能有心理的成因。如果你發現自己越吃越多、不吃不行（強迫性）、不吃很痛苦，甚至影響到正常生活時，建議尋求心理師或身心科醫師等專業人員的協助。

或許，你現在吃的並不是肚子的飢餓感，而是內心的空虛感。

第16課

有時候，你的餓不一定是餓
——如何適當回應飢餓感？

每次下定決心要戒掉含糖飲料，就會有學生過來問我要不要一起訂飲料，不爭氣的我就是無法拒絕。每週回到南部老家，媽媽總會煮出一桌好菜，雖然肚子不是那麼餓，但滿滿的愛心，又讓我多吃了那麼一些。

小李，補習班老師，三十歲，男性

如果我問你：減肥的基本原則是什麼？大多數人給我的答案應該多半會是「少吃多動」。

這個答案是依據「能量平衡」的概念而來。如果你吃得太多，熱量過剩之後，就會變成脂肪堆積在身上；相反地，要是我們想減肥，就要讓身體攝取的卡路里低於消耗掉的卡路里，當「熱量赤字」出現時，體重自然會跟著下降，這從理性角度上看來是沒有問題的。

這似乎暗示著我們，只要能管好自己的嘴，少吃一點東西，並邁開自己的腿，多增加一些運動量，就能夠順利減肥。

但是問題就在於人類的許多行為都不是單一原因或理性推論可以解釋的，這裡面就包含了進食。很多人都告訴你想減肥就要少吃多動，聽起來很有道理，但為什麼總是做不到呢？

一般對肥胖的定義是：體內脂肪過多，並達到危害健康的程度。大多數的肥胖都跟飲食過量有關，如果你不想讓肥胖出現在自己身上，如何避免自己「吃得過多」就成為關鍵所在。

肚子餓（生理飢餓）的時候，如果可以吃下適量的食物，除了能讓身體獲得需要的營養與熱量，也可以透過隨之而來的滿足感適時停止進食，這樣其實不太會帶來肥胖。但問題就在於我們更常受到下列六種飢餓（心理社會飢餓）的影響而不自知，導致過量飲食的狀況頻繁出現。以下將與你分享如何辨識六種飢餓以及因應策略，幫助你更有效地掌握食量。

感官飢餓

你是否曾經因為聞到咖啡店飄出的陣陣香氣，然後就走進店裡買了杯咖啡？有沒有過原本只是要到超商繳停車費，但看見琳瑯滿目的飲料櫃，最後多買了一瓶飲料？或是嘴巴突然好想吃點鹹鹹的味道，就把抽屜裡那包洋芋片打開吃掉？

仔細回想一下這些經驗，你會發現，當下並不一定要吃喝這些東西，但似乎有股力量催促自己把它們吃掉，不吃就會怪怪的，這到底是為什麼呢？

我們的感官隨時都在搜尋環境中關於「食物」的線索和訊號，以確保能獲得充足的食物來維持生命。在缺乏食物的遠古時代，人類最重要的任務就是找到食物，這時你所看到、所聽到和所聞到的東西，都可能是重要的食物來源，也因此與食物相關的感官刺激透過視、聽、嗅、味、觸覺等「五感」吸引我們的注意之後，就很容易出現進食的衝動。

眼睛（視覺）能協助我們找到食物，並依據顏色、外型及份量等等因素決定我們要吃或不吃，甚至是吃多少。有時候，光是菜單上吸引人的描述字句，都可能影響你進食的選擇甚至份量。大多數的人會以所看見食物的份量大小，而非計算出來的熱量多少，來判斷自己是否吃飽。根據研究結果發現，人們通常都會吃下固定

「份量」的食物。如果你認為所吃下的食物份量比平常少，你就會覺得自己吃得還不夠；相反地，如果吃掉了比一般還多的食物，你就會覺得吃飽了。

耳朵（聽覺）能透過進食時聽到的聲音，如芹菜的酥脆或炸雞的「喀滋」聲，來感受食物是否新鮮或美味。有時光聽別人描述食物或飲料，就會讓胃部出現蠕動，進而出現進食慾望。

鼻子（嗅覺）所聞到的氣味，會吸引我們靠近或遠離氣味的來源，當氣味是我們所喜歡的，所吃下的份量也會更多。最好的例子就是街上的麵包店所飄出的香氣，常讓我們難以抗拒就走進去多買兩個麵包。

藉由舌頭（味覺）對酸、甜、苦、鹹、鮮等五種味道的反應，讓我們可以享受到食物所帶來的美味。雖然味蕾很容易疲乏，但透過不同食物味道的刺激，可以再次刺激味蕾的敏感度，讓食物再次變好吃。正因如此，當我們進入吃到飽餐廳，多樣化的食物選擇就會讓我們想繼續吃下去。

嘴巴與舌頭和食物碰觸（觸覺）的感受，也會影響我們的進食體驗，以及對於食物的偏好。想像一下，當你吃到冷掉而且軟爛的薯條，你的感覺會是如何？當你在吃巧克力或冰淇淋時，你應該都很期待那種在舌尖上融化的綿密感吧？

感官所帶來的飢餓感，常常是交互影響的。這樣的先天本能設定，原本是為了讓我們可以在遠古的原始世界找到並吃進最多食物，以保證身體的需求能獲得滿足。但身處於食物種類及數量豐富、飲食取得便利的現代社會裡，這就變成造成肥胖問題的原因之一。

因此，針對「感官飢餓」，我們可以採取以下因應策略：

一、在吃東西之前，能先用眼睛（視覺）和鼻子（嗅覺）好好觀察準備吃下去的食物。

二、當食物進到嘴巴之後，留意一下食物與嘴巴、牙齒及舌頭接觸後所帶來質感、嚼勁與味覺，會為你帶來更多滿足感。

三、在決定購買食物或進食之前，先試著感受肚子（胃）所帶來的飢餓感，再決定接下來要攝取的食物份量。

想法飢餓

「媽媽說東西要吃完，不然會下地獄吃餿水！」

「很多專業人員都在推薦〇〇飲食法，看來我應該多吃點蛋白質。」

「隔壁王媽媽最近糖尿病有改善，聽說是吃了〇〇〇，我也來吃。」

「人是鐵，飯是鋼，吃飯才有體力好好工作。」

想法會影響你的飲食行為。而你對於食物的想法，則累積於過去經驗、閱讀聽聞、觀察所得，甚至是一些可能造成負面影響的非理性信念，例如「小時候胖，不是胖」，就很容易讓父母忽略兒童的肥胖問題。有時候，新聞報導或書籍上所提出的專家意見，則會讓你對某些食物產生偏好，或者是擔心迴避。

進食在現代生活中，似乎不再是件享受及愉悅的事情，反而變成一種需要被科學驗證的標準答案。生活在遠古時代的人類，如果聞到有香味的東西，可能就會拿來吃，看起來腐爛或是發生臭味的東西，他們就會迴避。我們原本都是依靠感官來決定「要」或「不要」吃某種食物，在食物缺乏的古代環境裡，這樣才能讓我們獲得最多富含營養和熱量的食物。

但隨著科學進步與資訊快速傳遞，我們慢慢地失去對自身感受的信任，開始學習透過文字（營養分類、建議攝取量、各種專業書籍）、數字（卡路里、重量、價格）甚至規則（各種流行飲食法），來選擇我們所要吃的食物，也逐漸失去了飲食所帶來的樂趣。

透過吸收各種外在資訊以及統整內在經驗，我們可以調整出最能適應當下情境的想法。當你發現自己在選擇食物時，心裡出現許多的「應該或不應該」、「對或錯」和「專家建議」等等想法，試著暫停一下，看看眼前的食物，先問問自己：這是我真正需要的食物嗎？讓自己也有機會探索內在需求，進而做出最能讓自己感受到食物愉悅的決定。

針對「想法飢餓」，我建議的因應策略如下：

一、透過平衡外在知識與內在感受的過程，讓自己能夠更自在地選擇食物或停止進食。

二、提醒自己：沒有什麼食物是一定要吃的，更沒有不能吃的食物，重點在於份量。

情緒飢餓

當你今天生日，參加家人為你舉辦的生日派對時，愉悅的心情會讓你想多吃一塊披薩；平凡單調的值班夜晚，你可能會因為無聊沒事做，而直覺地打開洋芋片打發時間；在和男朋友吵完架之後，你或許會生氣地買鹹酥雞和奶茶，準備在回家之後好好怒吃一波。

情緒狀態會影響一個人的進食行為。你所感受到的情緒，不論正向或負向情緒，都會和你的食慾、食量、挑選的食物種類、進食地點、用餐速度、共餐對象之間產生相關與連結。

基本上，會引起過量進食的，大多是焦慮、憂鬱、憤怒、孤獨或無聊等負向情緒。因情緒而進食的行為常常是為了舒緩負向情緒，或是希望獲得短暫的逃避。

如果，你只是偶爾透過飲食來抒發情緒，其實也未嘗不可。但如果你經常藉由暴飲暴食轉移負向情緒所帶來的不適感，問題的核心可能在於你缺乏正確辨識、理解與調節情緒的能力。

針對「情緒飢餓」，可以採取的因應策略如下：

一、試著接納自己會因為情緒線索而出現進食行為。

二、學習辨識、理解與命名自己的情緒，再嘗試覺察情緒所引起的身體反應，並找出情緒與進食間的連結。

三、當因為情緒所引起的進食行為讓你出現身心困擾時，請尋求身心科醫師或心理師等專業人員的協助。

行為飢餓

與我們所處的現代環境不同，遠古人類很少因為食物太多而擔心。而我們生活在一個食物不虞匱乏，甚至還有眾多過度刺激食物（被過度加工，並透過配方讓你食慾大開）的世界裡，想要克制著自己的嘴巴少吃一點，真的是難如登天。

研究顯示，相同的情境會促發類似的飲食行為。南加州大學心理學教授溫蒂・伍德（Wendy Wood）運用好吃和難吃兩種爆米花，來測試看電影習不習慣吃爆米花，會不會影響兩種爆米花的食用量。結果發現，看電影不習慣吃爆米花的人，吃下較多好吃的爆米花（七〇%好吃的，四〇%難吃的）；而看電影習慣吃爆米花的人，則不論好吃與否，都吃下了六〇%的爆米花。雖然所有受試者都在事後表示自己不喜歡吃難吃的爆米花，卻沒有影響習慣看電影吃爆米花的人吃下的份量。

只要還有食物在碗裡，我們就會繼續吃下去。在一個用義大利麵進行的實驗裡，受試者連續幾天吃下固定份量的義大利麵，幾乎每個人都全部吃完。接下來，科學家在暗地裡增加義大利麵的份量，比原本多出五〇%，受試者們也多吃了四十三%。而在實驗之後的問卷調查卻發現，所有受試者都認為自己吃下的義大利麵份量與平時差不多。這裡告訴我們，食物份量的多少可能比內在的飽足感受，更能促發我們的進食行為。

越容易拿到的食物就會吃得越多，表示食物取得的便利性將左右你的食量。研究發現，相較於按壓一百次槓桿才能獲得的食物，實驗裡的白老鼠更願意選擇按壓十次的食物。另一個在人類身上所進行的實驗則發現：放在桌上的巧克力，會讓人平均每天吃掉九顆；擺在抽屜裡的，則每天吃掉六顆；如果放在需要離開座位走兩公尺的位置，吃巧克力的數量則會只剩四顆。還有一個在軍隊進行的飲水實驗，比較了兩種擺設水壺的方式對士兵喝水量的影響。跟需要到另一張桌子倒水相比，直接在士兵的餐桌上擺著一個水壺，就會讓士兵多喝將近兩倍的水量。

因此，針對「行為飢餓」，你可以試著這樣做：

一、觀察自己是否會在特定地點、時間或場合食用某些不健康的食物，提醒自己試著調整對於食物的選擇。

二、想要減少食量時，盡量使用小碗盤或小杯子，或者一開始盛裝食物就先少放一些在碗裡。

三、針對你的飲食計劃，增加接觸健康食物的機會（放在能夠輕易拿取的地方），降低拿到不健康食物的可能性（放進櫥櫃或減少購買份量）。

人際飢餓

你的食量有可能因為與越多人一起用餐而變越大。在布萊恩．汪辛克（Brian Wansink）的著作《瞎吃》（*Mindless Eating: Why We Eat More Than We Think*）裡，提到一個實驗：平均來說，和一個朋友一起用餐，會比獨自進食多吃三〇％；五個人一起吃，多吃約七十五％；和七個人以上一同用餐，會多吃到九十六％以上。換句話說，多約幾位朋友一起吃飯，似乎是個增胖的好方法。

飲食行為會受到團體中其他人的飲食習慣影響。當我們和別人一起進食，會傾向與他人飲食方式同步，這包含了用餐速度與食物份量。一個吃得少的人在大食量團體中，會傾向吃得更多，而大食量的人在小食量團體中，則會吃得較少。

你或許很常看到體型相似的一家人，也很常發現生活越親近的同事或朋友的體型越接近。這提醒我們，如果想要減肥，請避免和食量太大的親朋好友吃飯，保持足夠的「社交距離」。

關於食量的多少，有個有趣現象會發生在男女約會的時候。女性在約會場合中，常認為少吃較能展現女人味或吸引力。而男性則為了表現雄性風範，常藉由大量飲食來強調自己的強大與精力。但後來的研究發現，女生其實並不會因為男生的進食量大，而覺得對方特別有吸引力。所以，提醒各位男生們，下次約會別再故意靠多吃來展現英雄氣概了。

面對「人際飢餓」，你可以用以下的策略來因應：

一、當你準備減少食量時，盡量避免與太多人一起用餐。

二、多與擁有健康飲食習慣的親友一同進食。

三、在他人邀約訂購飲料或食物時，有意識地選擇相對健康的選項（例如減少份量、降低含糖量等）。

文化飢餓

人類學家張光直曾說：「到達一個文化核心的最佳途徑之一，就是通過它的肚子。」到日本，吃拉麵和壽司；去韓國，點泡菜和拌飯；來臺灣，各地小吃吃不完。不管你到哪裡旅遊，總是會將當地食物吃過一輪。食物，所呈現的正是一種文化、一種體驗、一種生活方式。

飲食文化透過食材選擇、烹煮方式、餐具使用、座位安排、進食順序到時間規劃等等細節，蘊涵著在地的知識、技巧、禮儀和價值觀。而在不同文化中，也會針對節日安排特定的食物，例如我們會在端午節吃粽子、中秋節吃月餅或農曆新年的圍爐大餐。我就經常聽到學員告訴我：「又要吃粽子了，我要胖了！」「每逢中秋倍思親，過完這天胖三斤！」「快要過年了，不知道又要胖幾公斤！」似乎過個節日，不胖一點都不太像過節。

在面對各種文化或節日的進食行為時，我們可以做好規劃和安排，以免過度食用特定食物。節日裡所食用的食物大多是富含油鹽糖的高熱量食物，如果一不留意，很容易攝取過量導致肥胖。有意識地選擇和購買過節食物，覺察和感受透過享用節日食物所帶來的愉悅，節日食物所承載的不只是身體上的飽足，更多是心靈上的滿足。

因應「文化飢餓」，你可以試著多做一點準備：

一、規劃適當份量，提醒自己應景才是重點，避免一次購買過多的節日食物。
二、除了食用節日食物之外，能準備足夠份量的蔬菜，讓飲食更均衡。
三、反思節日食物帶給你的意義，除了吃，是否能有不同的選項。

Part

3

照顧身體需求

肥胖是身心匱乏的外在表現

瘦身就像是一趟重新探索和認識自己的旅程。

必須先找到所面臨的身心議題核心，

再好好覺察自己的需求，

最後選擇一個最適合自己的方式好好照顧身心。

瘦身不難，不過就是好好照顧自己而已。

第17課

也許，你需要的並不是減肥？

——找出你的肥胖組合類型

試過低脂、低碳或生酮飲食了嗎？執行過一六八和五二斷食了嗎？吃過代餐和蛋白粉了嗎？甚至吃藥打針了嗎？還是買過不下百本的瘦身書，上了許多瘦身和運動課程了呢？

但現在的你，真的瘦了嗎？

關於瘦身這件事情，你可能已經花了許多時間、金錢和心力，卻仍然在瘦一點然後胖更多的無限循環裡掙扎。

很多人會瘦身失敗，最大原因是沒有先釐清自己所呈現的肥胖組合為何而跟風減肥，自然就會以挫折收場。每個人的身心狀態各有不同，對別人有效的方式未必會對你有幫助。**認識自己，好好地善待與照顧自己，才能讓你來到一個健康的身心**

狀態裡，而那未必叫做瘦。

先評估自己是屬於哪種肥胖組合，再透過適當行動來調整身心，才能讓你少走冤枉路，真正邁向身心健康之路。

請先弄清楚你的肥胖是哪一種？

請先準備一本筆記本或一張白紙，花點時間來回答或完成下列三組任務。試著評估你的肥胖組合為何，再來決定我們應該如何開啟你的瘦身行動。

任務A

一、最近一次被說「胖」是誰說的（包含你自己）？又是在什麼時候？

二、在你的記憶所及，最早被說「胖」，是誰說的（包含你自己）？又是在什麼時候說的？

三、被說「胖」的經驗裡，你有哪些感受和想法呢？對你造成什麼影響？

如果你曾被說過「胖」，就表示你符合這組任務的標準。

如果沒有上述經驗，請寫下瘦身對你來說有什麼意義？

任務B

一、請找一面全身鏡，仔細端詳你的體態，觀察身體的每個角度。

二、閉上你的眼睛，以第三人稱的視角，幫你的體態打個分數：

10	0	-10
極度正面	平常	極度負面

三、請試著描述，你是如何決定出自己的體態分數？

如果你的分數低於或等於0，你就達到這組任務的標準。

假如等於或大於1分，請試著描述你的體態帶給你的感受及想法為何？

任務C

一、請準備一個體脂計和一個量身皮尺。

二、測量你的體脂肪率、腰圍寬度與體重。

三、最後計算你的BMI。

四、看看你的BMI是否大於或等於二十四？

五、你的腰圍寬度是否大於你「身高的一半」？

六、你的體脂率是否高於成年男性為二十五%、成年女性三〇%的標準？

要是以上四至六題，你有任一題以上回答超過建議的標準，就達

任務	A	B	C	瘦身行動建議
心理型態肥胖	O	X	X	尋求心理健康資源協助，核心問題不在於肥胖。
	O	O	X	
	X	O	X	
身心型態肥胖	O	X	O	除了進行瘦身行動之外，建議同時尋求心理協助。
	O	O	O	
	X	O	O	
生理型態肥胖	X	X	O	採取正確瘦身方式，培養健康的生活型態。

（O 表示該組答案符合任務標準，X 表示未出現該組問題或困擾）

到這組任務的標準。

如果沒有任何數值超過建議標準，請寫下你想瘦身的原因？

完成上面三組任務後，我們就能從前一頁的表格找到你的肥胖組合，再來決定應該如何開啟你的瘦身行動。

肥胖組合不同，自我照顧方式也不同

找到你的肥胖組合了嗎？你的肥胖可能比你原本預期的更需要被重新理解喔！

很多人誤以為瘦身的關鍵在於「管好嘴，邁開腿」，但這只是最表面的方法，搞錯方向的結果就是重複地瘦身再復胖。看營養、算熱量和勤運動這些生理介入的方式，或是吃產品、用藥、打針劑和動手術這些速效的表面技巧，確實能讓你在短期內瘦下來，但是缺乏對自我身心需求的全面性理解，最終還是會因為難敵身心匱乏的反撲，再度胖回去。

肥胖，其實就是一種身心議題的外在呈現。所以想要好好地因應肥胖問題，必須先找到你所面臨的身心議題核心，再好好覺察自己的需求，最後選擇一個最適合自己的方式來好好地照顧身心。

瘦身的真正關鍵在於「自我照顧」，好好照顧自己的身心，身心就會以一種最適合你的狀態來回報你，復胖其實也就是你忘記好好照顧自己的結果罷了！

你準備好要開始照顧自己了嗎？

針對前述三種組合類型，我分別提供以下自我照顧的建議方向：

一、心理型態肥胖

這個族群的你請先不要急著瘦身，因為你需要的根本就不是「瘦」。

你所認為的肥胖，可能和醫療專業人員建議要減的肥不一樣。體脂率、腰圍和BMI都符合健康標準的你，不太會因為肥胖問題帶來身心困擾，反而是心理狀態可能影響你如何看待自己的體態，這樣的你其實沒有積極瘦身的必要性。

你更需要做的是先檢視身心需求所在，再學習好好照顧自己。你要的瘦，有可能是小時候被嘲笑的委屈，或許是網紅明星給你的自我貶低，也不排除是對數字的過度焦慮，但更常見的是你對自己的不夠滿意。

建議你，認真閱讀前面幾課的內容，寫下你的感受和想法，再試著找一位你可以信任的心理師，花點時間跟他聊聊你對自己的發現與困惑。

或許，你就能看見你要的不是瘦，而是一種難以描述及沒有被照顧的感受。

二、**身心型態肥胖**

肥胖經常是身心匱乏的一種呈現，除了瘦身之外，你還有其他的需求應該被好好照顧。

醫療專業人員會鼓勵民眾瘦身，其積極目的在於避免體脂肪過多而對身心健康帶來負面影響。體脂肪過多，除了會增加許多身體疾病的發生率，更常帶來憂鬱、焦慮等情緒困擾，而這些情緒困擾又可能導致你的過度進食，形成更多體脂肪堆積，最終變成一個難以被停止的負向循環。

肥胖的主要成因是不良的進食行為，而行為就是心理狀態的外在表現。缺乏正確的營養知識，可能會導致錯誤的飲食行為；面對極端情緒與各式壓力，常常會引起暴飲暴食；沒有健康的飲食習慣可能會讓身處致胖環境的你，不知不覺多吃了那麼一些。長期在這些行為的累積之下，肥胖就只是一個必然的生理結果。

身為這個族群的成員，除了執行和心理型態肥胖一樣的建議之外，請你安排一段時間讓自己可以好好地執行後面幾課的內容，**讓自己從心開始健康起來**。因為肥胖所帶來的影響，除了對身體造成病痛，更可能帶來心理上的困擾，讓你陷進一個不斷減肥的痛苦漩渦裡。如果可能的話，適時尋求心理師或心理健康資源的協助，都有助於統整在瘦身過程中的自我發現，幫助你更有效而長期地維持自我照顧後的瘦身成效。

很多時候，你吃進身體的東西，是一種被誤以為是在療癒的自我虐待。

三、生理型態肥胖

恭喜你，身為這個族群的你只要「好好地吃、適度地動，再加上充足睡眠」，瘦身真的是件輕鬆愉快的事情。

瘦身不是一種結果，而是你在照顧身心需求的一種過程，你要做的是重新探索和學習如何照顧自己，並且一直持續下去。當生理需要被滿足，心理需求被照顧的時候，肥胖自然會慢慢離開你的身體。

你不需要節食、不用刻意餓肚子、不必吃瘦身產品、不要讓自己痛苦地運動，你要的是重新學習如何讓自己吃對食物、動夠份量和睡得飽飽的，身體自然會慢慢來到最適合的健康狀態。

在後續的內容裡，我將會帶你學習如何透過「吃對、動夠、睡飽」三件事，好好地快樂瘦身，從此不用再減肥。

瘦身就像是一趟重新探索和認識自己的旅程。你需要先排出一段時間、決定好要去的地點、安排好要搭乘的交通工具，再準備好旅途所需要的資源和工具，接下來，就是好好享受旅程上的一切。請你在開始瘦身之前，也給自己一段夠長的時間，設定可以達成的目標，準備好所需要的設備和條件，剩下的就只有好好地體驗這一切了。

瘦身真的不難，不過就是好好照顧自己而已。

第18課

只憑感覺，當然瘦不了

——瘦身之旅開始前，準備好六件事

「我最近好像又胖了，該減肥了。」

「人家說變胖就是不夠愛自己，我應該要好好愛自己了。」

「食物熱量都已經壓低了，為什麼體重就是降不下來呢？」

瘦身是趟學習如何瞭解和照顧自己的探險之旅，你需要兼顧理性與感性。**在瘦身的過程中，你不能只憑感覺，也不能只靠「愛自己」，更不能只想要順從本能行動。**就像是準備進入一個陌生的國度旅行，如果沒有事先研究當地的風土民情，沒有適當規劃初步的行程和交通工具，沒有足夠金錢可以支應旅費，這趟旅程就會變得充滿危險，甚至讓你滿身是傷。做好行前必要的理性準備，就能減少你的挫折與風險，幫助你更愉快地享受整個過程。

同時，你也要試著相信你的感受，看見自己的需求，並試著記錄和探索這個過程中的發現。然而，即便你已經把旅程中的各項準備工作做到完美，仍會遇到許多意料之外的狀況與驚奇。在開始瘦身之後，請好好地觀察並體驗自己的身心狀態和變化，讓身心有機會與自己對話，再持續調整作法，找到最適合的自我照顧方法。

因此，在開始專屬於你的瘦身之旅前，我會誠摯邀請你準備好下面的三個「先要」和三個「先不要」，讓你的理性再加上一點感性；瘦身不必那麼沒人性，而感性也能在理性的協助下更有效益，因為瘦身不能只是隨性。

三個「先要」

一、先要準備好工具

請準備好你的三大瘦身工具：體脂計、量身尺、筆記本。

體脂計能追蹤你的體脂，讓你清楚身體狀態。體重重不一定是胖，很多人都誤以為體重超標（臺灣標準BMI值大於或等於二十七）就是肥胖，真正的肥胖其實是「體脂肪過多而對健康造成負面影響的身體狀態」。瘦身的真正目標應該是「降低體脂肪，避免體脂肪過多而造成身心危害」。請準備一個價格適中、品質良好的體脂計，能幫助你的瘦身不只是憑感覺。

量身尺可以用來掌握腰圍，降低內臟脂肪的影響。如果你出現ＢＭＩ或體脂率偏高的情形，請用量身尺測量一下腰圍寬度。如果腰圍大於身高的一半，罹患各種慢性病的風險會增加。身體堆積脂肪的方式可被分為皮下脂肪與內臟脂肪兩種，其中腰圍過寬就代表內臟脂肪過多，這表示你的身體更容易處於慢性發炎或罹患各種疾病的風險中。所以腰圍不過寬，除了外觀，也為了避免身心健康受到危害。

筆記本是要記錄你的歷程，幫你隨時進行調整。這本筆記本不是讓你用來記錄體重或計算熱量，而是希望你從瘦身的第一天開始，詳細記錄自己在過程中的各種感受和想法。很多時候，瘦身最困難的地方不是營養知識或認識熱量，而是心裡的各種想法、情緒和經驗之間的糾結，讓你總是知道卻做不到。用紙筆把你在瘦身歷程中的各種體驗、困難與驚喜記錄下來，你會發現這其實是種自我探索的過程。

二、先要準備好系統

瘦身是種過程，而不是個結果。就像旅遊所帶來的真正樂趣，並不在於你去過哪些景點或累積多少打卡，而是這些地方帶給你的各式體驗和新奇感受。如果把瘦身視為一件可以被完成的任務，或是能夠被獲得的成果，那你就很有可能陷入「瘦身——復胖」的無限循環裡。因為瘦身是一趟自我探索和照顧的旅行，而不是一個靜止的終點，它會不斷變化和前進，你要建立起你的系統，讓整個過程在系統裡持續發生與進行。

建立起專屬於你的瘦身系統，就像是挑選旅途上的各式交通工具，必須因地制宜。一條只能步行的古道，你搭火車沒有用；一趟搭船才能進行的旅程，你坐飛機只是浪費時間。我認為瘦身之旅的最佳交通工具，就是建立專屬於你的「吃對、動夠、睡飽」三大系統，然後藉由身處這些系統中的過程，讓我們的身心狀態自然而然變健康。

三、先要準備好時間

你曉得種豆芽菜的兩大祕訣是什麼嗎？時間和光線。

在控制好溫溼度的前提下，種豆芽菜至少要等四天，就是四天，少一天都不行。而且還要放在沒有光線的環境裡，如果讓豆芽菜在收成之前就接觸到光線，它會因為光合作用讓葉子變粗，味道變苦。

那你知道瘦身的兩大關鍵是什麼嗎？時間和系統。

請你準備至少一年的時間來建立你的「吃對、動夠、睡飽」三大系統。

就像豆芽菜需要待在黑暗的空間裡至少四天，你才能吃到清脆可口的豆芽菜一樣。**讓自己用一段夠長的時間待在必要的系統裡，你所做的改變和養成的習慣，才會在大腦裡長出夠強健的迴路，而不再走回瘦身冤枉路。**

請別再期待一週瘦掉五公斤了，因為短期壓抑食慾和快速減少食量的方法，絕對無法變成習慣，那五公斤很快就會回來找你；也請不要再尋找不會復胖的減重方法，因為會復胖的根本原因其實是「你用的方法，無法變成你的習慣」，一陣子可能沒問題，但一輩子就會是大問題了。

套句心理師界常用的一句話：「慢慢來，比較快。」瘦身這件事真的急不得。請記得，瘦身不是比賽，瘦身其實是一種從建立系統開始的過程，一種培養健康生活好習慣的過程，而這個過程不只一年，而是一輩子。

三個「先不要」

一、先不要天天量身體指標（體重／體脂率／腰圍）

請先試著回答下面這個問題：

如果你想要存很多錢，你覺得做哪件事最可能讓你達成目標呢？

（一）每天看存摺。
（二）每天去存錢。

我想你應該也跟我一樣會選（二）吧！

存摺上的數字只是結果，定期存錢才能往你要的目標前進。套用相同的概念在瘦身這件事情上，你應該先把時間精力放在該做的事（吃對、動夠、睡飽），只要用健康的方式對待身體，身體的各種數字（體重、體脂率與腰圍）自然就會往合適的方向前進。

但可別誤以為測量身體指標不重要喔！而是你需要配合不同瘦身階段採取適當的測量頻率。因為身體指標不會因為你的行為改變出現立即的變化，每天量體重在瘦身初期並不是個理想的回饋指標，反而可能讓你變得患得患失。

建議在初期每週測量一次各項身體指標即可，調整生活型態原本就會帶來一定程度的壓力，先減少各種數字帶來的額外壓力，更專注在所該做的任務上。

在你達到所期待的身體指標數字之後，我就會鼓勵你「天天」量體重，因為這個時候，數字能讓你對身體狀態更有覺察，也能在數字出現變化時適時調整飲食、運動或睡眠的方式。

先不要量體重，要專注在該做的事情。

二、先不要去運動

「為什麼我運動都有達到『三三三』，肚子還是那麼大？」

「重訓也做了，TABATA 也跳了，山也爬了，我怎麼瘦不下來？」

「聽說日行萬步可以瘦身，怎麼好像沒效？」

這些都是運動瘦身的迷思。其實運動不是用來瘦身的，是為了讓你身心健康。透過運動來瘦身的效率極差，比如吃下一碗泡麵的熱量，你可能要跑步一小時才能被抵消，而爬樓梯一小時也才用完你手上那杯珍奶的熱量。此外，透過運動來瘦身，在部分的人身上還會出現促進食慾的現象，只能說錯誤的運動觀念可能讓你越動越胖。

如果你原本就有肥胖困擾，過度激烈或錯誤的運動方式還可能造成身體傷害，這會讓你活動機會變得更少，結果就是更加肥胖。要是你沒有運動習慣，突然開始運動也會是種壓力。在瘦身初期，建議你應該先把重心放在調整飲食上，然後再慢慢增加活動量，先不要要求自己「努力地」運動。

但你可別拿這個當成不運動的藉口喔！瘦身的基礎是均衡飲食，透過調整飲食的內容，身體自然就會瘦下來，而運動則能維持你的瘦身成效和促進身心健康。肌力訓練有助於增加你的肌肉量，提升身體的代謝率，而有氧運動則有益於心肺跟大腦功能，讓你更能感受快樂與幸福。

先不要運動，而是要把均衡飲食給做好。

三、先不要算熱量

目前的科學證據告訴我們：人會瘦，都是因為「熱量赤字」。不過要瘦下來，並不一定要會算熱量數字。我知道這樣講可能會得罪很多專家，但我真的就不太會也不喜歡算熱量，甚至覺得計算熱量不太符合人性。

食物對人類而言具有多重意義，它不單純只是由熱量數字和營養組成，還蘊含著心理需求和社交意涵。五百大卡的蔬菜水果和五百大卡的炸雞薯條，雖然熱量相同，卻會帶來不同感受和體驗，差別就在於你能否覺察這些食物帶給你哪些滿足，進而適當調整所攝取的份量，別讓數字減損了飲食所帶來的樂趣。

學會計算熱量是件重要的事情，但不是每個人都需要。大部分想要瘦身的人，只要能夠學會營養概念和食物分類，再加上對飲食過程更有意識與覺察，幾乎都能在吃飽喝足又享受的狀態之下順利瘦身。

但如果你今天對體態或體能有更高的要求，又或者有某些身體狀態需要調養，那計算熱量就會是件很重要的事情。

先不要算熱量，而是要認識你吃的食物。

瘦身是趟身心的旅程，你不能只用數字和科學，更不能只靠情緒跟感覺。先準備好你的工具、系統和時間，再慢慢地做好該做的事，把過程中的想法和感受記錄下來。當你越認識自己的身體，身體就會好好地回應你。

第19課

別以為少吃點就會變瘦
——如何吃對？（關於飲食）

好好地吃，是決定你身心健康的重要基礎，也是建立瘦身系統的起點。**想要瘦身，你就要先改變你的少吃或亂吃模式，重新建立你的「吃對」系統**。壓抑食慾少吃，或拒絕吃某些自己喜歡的食物，都會造成身心壓力的累積，導致體內的賀爾蒙和心理狀態出現變化。長期下來，你的大腦就會一直發出警告：「沒有食物了，趕快找食物，趕快儲存脂肪來度過這場飢荒。」這時你的食慾就等著在某時某刻大反撲。

因為節食或抑制食慾，反而會提高對食物的慾望，身體會渴望更多的食物，味蕾會變得較不敏感，會更想吃甜食或重口味的食物，同時新陳代謝會漸緩以停止體重的下降，並提升身體儲存脂肪的能力，確保在無法獲得充足食物的狀況下還能好好活著。結果就是：吃越少，越想吃，越壓抑，再突然大暴食，然後又從頭開始，最終落入一個越努力卻越痛苦的循環裡。

所以，請不要少吃，甚至要多吃一點。但請注意，我這邊說的多吃不是要你亂吃喔。什麼是亂吃呢？就是吃些經過精緻加工的「人工假食物」或營養失衡的食物，同時無法覺察吃東西要滿足的是什麼需求，感覺不到食物進入身體後的身心狀態，我認為這樣就是所謂的亂吃。

那要多吃些什麼呢？我們從這個問題開始，藉由三個步驟建立「吃對」系統。

步驟一：多吃

飲食控制或節食少吃很難讓你瘦得持久，所以**首先該做的就是多吃，吃真正的食物，吃原型態的食物**。

真正的食物其實就是原型態的食物，泛指那些沒有經過加工、未加人工添加物、營養成分未被過度破壞的食物，包含蔬菜水果、豆魚蛋肉及纖維醣類（地瓜、南瓜等）這些種在地上、長在樹上、住在水裡、長在田裡的食物。但我並沒有要求你不能吃些以前愛吃的洋芋片和飲料，而是要你在現在的飲食內容裡多加進原型態食物，而且越多越好，直到原型態食物成為你的主要食物來源。

這些真正的食物能提供你足夠的能量，滿足你的身心需求。在提到瘦身這件事的時候，我們大多會聚焦在降低熱量的攝取上，而不曉得攝取具有力量的食物能讓我們更有飽足感，也更有活力。真正的食物除了會提供給你適當熱量和均衡營養之外，他們還蘊含著從大地、海洋、太陽與空氣所帶來的力量。

多攝取原型態食物之後，它所帶來的營養熱量和生命力量，會讓身心同時獲得照顧與滋養，你也會發現你對加工食物的慾望下降，甚至開始排斥那些過去愛吃的垃圾食物。

步驟二：按比例與順序進食

找到原型態食物之後，再來你要照比例和順序來進食，讓身心獲得足夠滿足。我建議你按照「一一二餐盤」的比例來準備食物（可參考 https://food-guide.canada.ca/en/）。

「一一二」指的是將進食量分為四等分：一份醣類、一份蛋白質和兩份蔬果。這邊所指的一份，不用刻意拿食物秤來量，也不必仔細計算卡路里，更不需要過度嚴格要求，只要體積概略符合這個比例即可，不然用手掌大小當成一份也可以。按照這個比例，吃下足夠多的原型態食物，記得將每次吃的份量和身心感受記錄下來，慢慢地，你就會找到你所需要的合適份量。

這裡特別要提醒三個挑選食物時的細節：

一、醣類攝取的選項盡量以全穀雜糧或具膳食纖維的為主，例如地瓜、南瓜，蓮藕或玉米，它能提供較長時間的飽足感。

二、挑選脂肪含量較低的蛋白質，比如豆腐、毛豆、海鮮，蛋或禽類，避免肥肉或五花肉。

三、在蔬果攝取方面，記得每餐最多攝取一拳頭的水果份量（不超過一份），蔬菜一定要比水果多。

安排好食物比例後，按照「蛋白質→蔬菜→醣類→水果」的順序進食，能幫你獲得更高的飲食滿足。在《食慾科學的祕密，蛋白質知道》（*Eat Like the Animals*）裡提到，在我們感到飢餓時，身體經常會更期待獲得蛋白質，而當蛋白質的攝取量達到滿足之後，對食物的渴望會降低，先吃蛋白質有助於進食量的調節。

我也經常聽到學員告訴我，先吃完蛋白質之後，似乎對其他食物的慾望會下降。研究發現，這樣的飲食順序除了可以調控血糖的穩定度之外，也能促進腸道分泌賀爾蒙，延遲胃排空的時間，同時傳遞訊息給大腦來抑制食慾。

我知道很多人會覺得這個進食順序有點難記，那或許你可以用我的姓「蘇」來記憶，就會變得簡單不少，請試著用順時鐘方向來看我的姓「魚→菜→禾」，這不就是建議的進食順序嗎？好記吧！

步驟三：喝夠水

最後，要記得喝下足量的水。水是身體必需的重要成分，我都會開玩笑地說，水喝太少也算一種營養不良。雖然**喝水本身不會讓你變瘦，但會讓你的身體做好變瘦的代謝準備**。

不只是脂肪代謝需要大量水份，大腦所需要的營養中，水更是個重要成份。水喝得不夠，不要說瘦身，光要讓大腦正常運作都會造成困難。而且人們經常會把渴和餓的感覺搞混，有時你以為的肚子餓，或許只是口渴，也許下次出現肚子餓的感覺，就先喝點水吧！

至於需要喝多少水呢？原則上，**至少要是體重乘以三十毫升左右，如果是在夏天或運動有流汗的情況下，也可以喝到體重乘以四十毫升**。比方說一個大約六十公斤的人，一天要喝到四十乘以六十等於兩千四百毫升的水。

可以試著問問自己：我的水喝夠了嗎？

喝水也要做好規劃跟安排，才能讓喝水的好處出現在你身上。不要一次喝大量的水，請把飲水量分配在白天的時候多一些，這樣會讓身心運作更好。另外還有一個喝水的好處是「你會走去上廁所」，這樣能讓經常久坐的你必須站起來移動身體。不過到了晚上則要少喝一點，以避免在入睡後產生尿意，影響睡眠品質。

照顧你的身心，要從建立「吃對」系統開始。

從今天開始，挑真正的食物來吃，按「蘇」的順序來吃，並喝下足量的水。給自己夠長的時間做好這三件事，身體自然就會往健康的方向前進。

第20課

動得剛剛好，才能保持瘦

——學習動夠你的身體（關於運動）

「為什麼我會越運動越胖呢？」

「我雖然有參加三鐵比賽，不過我這肥肚子還是一直在啊！」

「到底要怎麼運動才能瘦呀？」

如果要建立你的瘦身系統，請記得「吃對」才是根本，運動只是輔助和維持你瘦身成效的方式。

如果只想透過運動來瘦身，更容易陷進卡路里的計算循環裡。

我經常遇到學員認真運動了一段時間之後，發現體重沒有明顯下降，然後就放棄運動。詢問原因才知道，他們每次運動前都會先來場心算大賽，今天吃了幾卡，減掉基礎代謝率之後，還要運動多久才能消耗掉多餘的熱量。

身體調節能量運用的方式，遠超過你的想像，更不是你所能掌控的。如果真的用數學來計算，一個甜甜圈所含的熱量可能需要你慢跑將近五公里才能被完全燃燒完畢。但請試想一下，你真的有辦法每次都跑個幾公里來消耗所有吃進身體的熱量嗎？當你每天吃下超過身體所需熱量的食物，體重就會無限上升嗎？

人類學家赫曼．龐策（Herman Pontzer）在《燃》（*Burn*）這本書裡提到，運動不會明顯改變你每天身體所燃燒的熱量，就算燃燒更多熱量也無法阻止身體變胖，而且人類受到腸胃構造和功能的影響，每天能吸收的熱量有其上限。

而在《我們為何吃太多？》（*Why We Eat (Too Much)*）裡也提出一個體重不會無限上升的可能原因，是由於身體有一種類似調溫器的「負回饋機制」在維持生理恆定，就像熱了會流汗，變冷開始發抖一樣。當你吃下過多食物，身體就會用一種你無法意識、更難以控制的方式，提高身體運用熱量的效率，「盡量」讓你的體重維持在一定範圍之內，請記得是「盡量」。

所以只要你不是長期暴飲暴食，偶爾來點高熱量的食物，身體是能夠做出適當反應的，至於想透過運動來瘦身，那就先不要吧！

運動的目的在於「身心健康」

運動能促進你的身心健康狀態，讓你活得更快樂幸福。

運動能幫助身體有更好的平衡感和柔軟度，也能夠提高心肺耐力和肌肉力量，讓人們的生活更有品質。史丹佛大學教授凱莉．麥高尼格（Kelly McGonigal）更認為運動會帶來快樂，不只是因為腦內啡的影響，藉由不同的運動方式，還能獲得各種心理滿足。例如透過與人一起跳舞，你可以感覺到與人的連結；完成一系列高強度的重訓動作，會讓你得到一種充滿自信的愉悅感；出席固定的運動場合，能幫助你找到歸屬感。

但你有沒有發現，就算讓你知道運動的許多好處，不想動就是不想動？要是你也有這種感覺，其實表示你是個正常人類。

人類的原始設定就跟所有動物一樣，傾向「多吃不動」，讓自己能在缺乏食物的原始世界裡有更多的能量儲存。所以，不想動根本不需要自責，這只表示你骨子裡還是野生動物的一種，就先好好躺平吧。

但如果你想要維持在調整飲食之後的瘦身成效，可能就真的要動起來了。因為目前所有科學結論都指出，足夠強度和頻率的運動能幫助你增加心肺功能和肌肉量，進而提升整體的身體代謝功能，幫助你的健康瘦能夠維持下去。

運用三個步驟，建立你的「動夠」系統

步驟一：不想運動也沒關係，你可以先從動起來開始

根據世衛組織（WHO）的定義和建議，身體活動是由骨骼肌肉產生的需要消耗能量的任何身體動作，中等強度和高強度的身體活動均可增進健康。也就是說，不論是走路、爬樓梯、搬東西或起立蹲下這些日常活動，以及慢跑、游泳、上健身房和打球這類計畫活動，都算是身體活動的一種。**當你做到足夠強度的身體活動，身心健康都能獲得改善**。

看完還是不想動，對吧？

通常人們不想運動的主要原因，不外乎花太多時間、運動完之後很累，或是必須特地出門上健身房。但是請你再看一下上面那段文字，注意到了嗎？不是只有運動（計畫活動）才算是身體活動，你日常所做的各種活動都能被算進身體活動裡。你不用花錢，不會太累，更不需要到健身房，只要多站多走，少坐著就對了。

你可以試著從搭手扶梯換成爬樓梯；開車上班時刻意把車停遠一點，讓自己有

機會多走路；看電視或打電腦的時候，每三十分鐘站起來動一動；午餐別叫外送，自己去街上走走逛逛吧！與其心血來潮偶爾出門運動個幾次，其實你可以先從增加生活中的小活動開始。請不要讓自己太努力，重點在於你能持續下去。

步驟二：動起來之後，再開始增加運動的類型和強度頻率

如果你完成了第一步驟，讓你的久坐生活開始動起來，你也許可以試著從下面兩大類運動選項中提升運動強度：

一、**具強度運動：**適合想要強化體能、時間不多、期待看到身體有明顯變化、不太想社交的你，例如重訓、慢跑、游泳、HIIT或TABATA這類活動量大、強度高的運動。但請記得，所有運動都不是越多越好，因為過度運動或單次運動時間過長，有可能變成身心壓力的來源，讓身體更難瘦下來。我就曾經遇過一個熱愛跑馬拉松的朋友，過度訓練的結果讓他出現失眠和腹部脂肪堆積的情形，這些都是壓力反應的一種。

二、**社交型運動：**如果你喜歡與人互動、希望培養持續的運動習慣，或許可以從這類型的運動入門。像是各種球類運動、瑜伽、有氧舞蹈或登山等等與人共同進行的運動。在這些運動中有較多人際、競爭和合作的樂趣，也更容易讓你持續投入在這些運動裡。

前述只是概略地把運動分為兩大類，希望幫助你從中找到最適合自己的一種。沒有一種運動適合所有人，也沒有一種運動會被所有人喜歡，但請把兩類型的運動都嘗試一段時間，記錄下感受和想法，找出你願意也能持續做下去的運動。

步驟三：能讓你持續進行的運動才是重點，別讓運動變成痛苦的起點

米雅是位醫療人員，他曾經告訴我：「每次要重訓之前，我都會先在廁所哭完才去做，我真的很討厭重訓。」原來出現飲食障礙的他，瘦下來之後就對於維持體態有著難以想像的嚴苛標準，不只精準計算每餐的熱量，每天還至少上健身房兩小時，經過知名教練設計的訓練菜單更是沒有一項可以被省略。**請記得，運動應該會讓人開心的，如果在過程中感覺到痛苦，或許你該停下來問問自己：「我想要的到底是什麼？」**

運動從來就不是件容易的事情，你可以從動起來開始練習。運動原本就不是本能，而是一種習慣的養成。從最小的目標開始做起，小到幾乎沒有失敗的可能，當你開始做了之後，內心的抗拒就會減低，這才有繼續做下去並變成習慣的機會。

想要讓你的活動或運動養成習慣嗎？根據研究發現，你可能至少要每週進行四次，並維持六週以上。

那既然都要做了，我們就從現在開始吧！

離開你的椅子，起來走一走吧！

第21課 睡不好會讓你吃更多、變更胖

——練習睡好又睡飽（關於睡眠）

我經常遇到同時出現肥胖和失眠困擾的學員問我：「心理師，我會胖是不是因為沒有睡好啊？」

我的標準回覆就是：「胖，是因為你吃錯食物；睡不好，則會讓你找錯的食物來吃。」

睡不好會變胖的原因

告訴你一件可怕的事情，睡不好可能會讓你更想吃東西，身體也更會囤積脂肪。也許，你的肥胖來自於你的睡眠不良。

那又是為什麼會睡得不好然後變胖呢？我們可以從生理、心理和環境三個角度來看：

一、生理上的影響

睡不夠容易讓人變胖，主要原因是當人們處於「睡眠不足」的狀態時，會影響體內荷爾蒙分泌，其中的瘦體素（Laptin）和飢餓素（Ghrelin）則是兩大關鍵。

瘦體素是一種由脂肪所分泌的賀爾蒙，功能在於告訴大腦身體儲存有足夠的能量，通常在睡覺時的濃度會上升，讓身體不容易產生飢餓感；但如果睡眠品質不好，它的濃度就會降低，讓大腦想要吃更多食物，儲存更多能量，長期下來就容易形成肥胖。

飢餓素是由腸胃道分泌的一種賀爾蒙，功能和瘦體素相反，它能促進你的食慾。受到生理時鐘機制的影響，它在夜間或睡覺時的濃度應該會下降，降低你對食物的渴望；但如果你熬夜或睡眠不足，身體反而會分泌過多飢餓素，讓你攝取過量的食物。

科學研究也發現，睡眠品質欠佳會導致壓力荷爾蒙的分泌增加，以及胰島素的敏感度下降，帶來對富含油鹽糖等高熱量食物的渴求，並造成脂肪大量堆積。

二、心理因素可能導致不好的狀態

睡眠品質不好常與持續處在焦慮和憂鬱這兩種情緒有較高的關聯性。長期睡不好除了影響上面所提的賀爾蒙分泌，讓你吃下較多食物和變胖之外，睡不好也會加深情緒困擾的程度，讓睡眠問題更無法被妥善處理。更常見的是，食物會成為情緒困擾時的紓解管道，讓你出現情緒性進食的狀況。而情緒性進食所挑選的食物，大部分都是高油鹽糖的高熱量食物，假使這時你又缺乏對自身情緒的敏感度，就有可能形成一個「睡不好——吃太多——罪惡感——情緒差」的負向循環。

三、從環境因素來看，可能與生活習慣有關

如果習慣晚睡，就有可能會多吃。晚睡除了影響賀爾蒙分泌與情緒狀態，也會讓進食時間拉長，容易在不對的時間吃下過多食物。另外，半夜睡不著也可能讓你因為無聊或心情焦躁而想透過食物放鬆和轉移注意力。又或者是，你已經養成吃宵夜的習慣，睡前不吃點東西就會睡不著，每天都來一點，真的是不胖也難啊！

總而言之，睡不好這件事會影響你的賀爾蒙分泌、情緒狀態和進食模式，進而造成不良進食行為。所以如何啟動你的「睡飽」系統，就變成一件重要的事。

六個步驟，開啟你的「睡飽」系統

不知道你有沒有發現，就算明天需要臨時早起，你卻總是撐到平時的睡覺時間才會上床；難得週末可以好好補眠，你也老是在固定的時間張開眼睛。

因為睡眠是種習慣，需要時間和系統來重新建立；睡眠更是種本能，你得要配合它的運行。

我建議你可以透過下面六個步驟，重新啟動你的「睡飽」系統：

一、營造良好的睡眠環境

請先找出可能影響睡眠品質的所有原因，例如手遊、追劇、加班工作或情緒困擾等內外在因素，再試著加以排除。安排一個適合睡眠的環境，如舒服的床和寢具、適合的溫溼度、安靜黑暗的空間、讓你放鬆且熟悉的氣味，以及所有能讓你輕鬆入睡的安排。有時候，你會難睡是因為沒將環境做好準備。

二、製作你的睡眠日記

睡眠日記能增加你對睡眠模式的意識覺察。透過一些符號、圖形與線條記錄下你每天的睡眠週期。不必做到絕對精準的記錄，重點在於你有意識地觀察自己的睡眠情形。如果可以的話，建議在上床之前順便做些行為、想法和情緒的記錄，讓自己有機會做睡前的自我整理。

三、固定時間睡覺起床

睡眠是一種跟隨日夜節律的本能行為，當你的睡眠越規律，身心的各種機能運作就會更順暢。我會建議你從固定的上床睡覺時間開始做起，因為這是你能睡得好的重要關鍵。先假設你每天需要七小時睡眠時間，從你的起床時間倒推回去，就能找出你該上床的時間了。例如你每天早上七點必須起床，那你晚上十二點前就必須上床睡覺了。當然，這需要透過練習才能找到最適合你的固定時間，原則上，只要你能比設定的鬧鐘時間更早醒來，那應該就是你已經找到最適合的時間了。

四、攝取原型態的食物

攝取均衡營養的原型態食物，避免精緻加工的食品，能幫助你更好睡，也能睡得更安穩。有趣的是，研究發現睡眠品質越好，減肥的效率會更好，而且更不容易感到飢餓，對於高熱量加工食品的需求慾望也會更低。但請記得，食物本身並不會讓人想睡覺，而是因為某些食物（例如香蕉或瘦肉）含有特定的成分（例如色胺酸），而這些成分又會在身體裡代謝成有助你入睡的荷爾蒙（例如褪黑激素），幫助你有更好的睡眠品質。

五、做足夠的身體活動

除了在平時透過「動夠」系統的身體活動來改善代謝、幫助睡眠之外，你也可以定期或在睡前進行一些放鬆運動，讓身心更自在，也更好入睡。例如定期練習瑜伽、腹式呼吸與漸進式放鬆法，都是很好的選項。

六、盡量每天曬到太陽

每天至少曬十五分鐘的太陽，有助於褪黑激素的規律分泌。我們身體的晝夜節律，主要受到光線照射的影響，尤其是陽光，如果能讓自己處在規律的晝夜模式中，生理時鐘就能有最佳的運作。科學研究也指出，曬太陽所生成的維生素D有助於瘦身成效。安排一個固定時間出門曬曬太陽吧！這不只會讓你好睡，還會讓你好瘦喔！

睡飽不會讓你變瘦，但能讓你好好地吃

近期研究發現，夜間睡眠時間和熱量攝取呈現負相關，也就是說，晚上睡得越久，進食的總熱量就會越少。後續分析更顯示，每多睡一小時，隔天的熱量攝取就有機會減少約一百六十二大卡。

但可別誤以為是多睡讓你變瘦喔！而是睡眠不足會讓大腦產生對高熱量食品的渴望，睡飽睡好則能幫助你更有意識地選擇食物。足夠的睡眠質量也能讓瘦體素與飢餓素的分泌與運作更正常，也更有效率，同時會讓壓力賀爾蒙及胰島素得到適當的調節。這時候，你對於食物的慾望就能更加符合身心需求，而不會再像一頭失控的大象橫衝直撞。

想要瘦身嗎？讓我們先把覺睡好吧！

心態致瘦

諮商心理師的 21 堂身心減重課

作者／蘇琮祺

主編／林孜懃
封面設計／萬勝安
行銷企劃／鍾曼靈
出版一部總編輯暨總監／王明雪

發行人／王榮文
出版發行／遠流出版事業股份有限公司
地址：104005 臺北市中山北路一段 11 號 13 樓
電話：(02)2571-0297　傳真：(02)2571-0197　郵撥：0189456-1
著作權顧問／蕭雄淋律師

2022 年 11 月 1 日　初版一刷
定價／新臺幣 360 元（缺頁或破損的書，請寄回更換）

ISBN 978-957-32-9837-3
遠流博識網 http://www.ylib.com E-mail: ylib@ylib.com
遠流粉絲團 https://www.facebook.com/ylibfans

國家圖書館出版品預行編目 (CIP) 資料

心態致瘦：諮商心理師的 21 堂身心減重課／蘇琮祺著 .
-- 初版 . -- 臺北市：遠流出版事業股份有限公司，
2022.11
面；　公分
ISBN 978-957-32-9837-3（平裝）

1.CST：減重　2.CST：塑身　3.CST：應用心理學

425.2　　111016201